JN293520

自然史思想への招待

松本文二 著

緑风出版

JPCA 日本出版著作権協会
http://www.e-jpca.com/

* 本書は日本出版著作権協会（JPCA）が委託管理する著作物です。
本書の無断複写などは著作権法上での例外を除き禁じられています。複写（コピー）・複製、その他著作物の利用については事前に日本出版著作権協会（電話03-3812-9424, e-mail:info@e-jpca.com）の許諾を得てください。

概要

人間個人と人間社会の幸福と健康を目指して、自然の歴史という概念から新しい価値観を打ち立てる。人間は進化の過程で、遺伝子から脳まで心身ともに「適応環境」において最大の能力が発揮できるようにつくられていることを指摘。適応環境を擬似することによって、人間には幸福と健康が得られることを、生物学、人類学、社会学などの知識を総合して論じた。この本が提言するのは、進むべき道の提示であり、必ずしも理念に沿って完璧に実行することを強いているのではない。読者は、自分の現状を客観的・主観的に捉えることによって、自分自身の健康と幸福および社会全体の健康と幸福のために今何をすべきかを考えることができるであろう。

目　次

自然史思想への招待

概要　3
はじめに　自然史思想の目的と基本仮説　13
序章(1)　現代社会の諸悪の根源を探る　19
現代社会の評価：平和で楽しい社会？・20／自殺・病気・事故・環境破壊・21／資本主義の弊害・23／歴史分析から原因を探る(1)　キリスト教とユダヤ教・25／歴史分析から原因を探る(2)　ユダヤ教と高神・27／歴史分析から原因を探る(3)　高神の起源・29／歴史分析から原因を探る(4)　農業の発明・32／人類の社会史の再構築・34／諸悪の根源は何か・36／自然史思想で価値観を確立する・38
序章(2)　科学の発達と進化生物学　41
〈1〉　科学の発達とキリスト教　42
絶対神との対話としての自然科学・42／自然界の法則性・45／生物学は自然史研究から出発した・46／種を規定する二名法の確立・48／生物学の統一原理：自然選択説の登

場・50／遺伝学を確立したメンデル・54／科学の発達の背景・56／科学技術の功罪・58
〈2〉**種の定義と進化の原理**　59
生物の本質としての種とその定義・59／隔離による進化・62／自然選択説と用不用説・63／進化は集団レベルで起こる・66／進化生物学における「創造」のシナリオ・68

第一章　自然史思想の理論的基礎(1)　自然史という概念とその意義

71
〈1〉**自然史思想の歴史的・思想的位置付け**　72
自然史食事学と自然史医学——自然史思想の応用として・72／ルソーの思想と自然史思想・73／マルクスの思想と自然史思想・75／ニューエイジ運動の自然の概念・77／自然史思想は独自な思想であり、同時に普通の思想でもある・78
〈2〉**自然史という言葉の定義**　81
自然史と社会史・81／自然の歴史とは・82／自然史と社会史の境界は農耕の発達にある・84
〈3〉**自然史思想の意義**　86
自然度の判断基準として・86／自然化粧品：「自然」という言葉の乱用例(1)・88／自然法：「自然」という言葉の乱用例(2)・89／自然の真髄へ・90／人工的な発明は短期的な便利さだけをもたらす・92

第二章　自然史思想の理論的基礎(2)　自然史思想の基本原理　95
〈1〉　自然史思想の第一原理　96
第一原理：人間は自然史のたまもの・96／進化のメカニズムは不必要であり、進化でなくてもよい・97／人類の単一起源説・99／キリスト教・イスラム教・ユダヤ教と自然史思想は矛盾する・100
〈2〉　自然史思想の第二原理　102
進化と遺伝子の変化・102／第二原理：最大の健康が得られる遺伝子適応環境・104／適応環境と自然史人は過去に存在した・107／遺伝子適応環境とストレス・108／人類の適応環境は「暖かい緑豊かな海辺」・110
第三章　適応環境における人類の精神構造(1)　脳の機能と自然史文化　113
〈1〉　脳と自然史文化　114
適応環境と脳の発達・114／脳は自然とのコミュニケーションのために進化した・116／脳の発達と自然史文化・118／自然史文化は個人中心・120／自然を感じる能力と社会化・121
〈2〉　論理とマジック　124

脳は論理的思考のためにあるのではない・124／西洋哲学の誤り・128／科学と霊能力・超能力・130／マジカルな世界は主観として存在する・132／論理とマジックの接点・133／精神世界を大切にする人々・135／老人の役割は大きい・137

第四章　適応環境における人類の精神構造(2)　個人中心主義と感覚世界　141

〈1〉個人中心主義　142

生命体全体（遺伝子から脳まで）は個人中心・142／個人中心主義と利己主義の違い・144／利己的遺伝子の論理破綻・147

〈2〉感覚世界の構築　149

感覚世界の重要性と痛みの謎・149／痛みの機能・152／感覚世界の構築と感情の表現・156

第五章　適応環境を探訪する(1)　アクア説による人類の起源　159

人類進化の真実を描くアクア説・160／アクア説の生理学的根拠・162／適応環境は非常に豊かだった！・166／ヒトはもともと泳ぎが得意・168／アクア説によるアウストラロピテクス属とホモ属の出現の説明・171／ホモ・サピエンスの歴史は五百万年・173／アクア説提唱の背景・175／食事学の視点もアクア説と一致・177

第六章　適応環境を探訪する⑵　自然史文化の再現　181
「伝統的生活」の落とし穴・182／稲作は縄文人の健康と平和を破壊した・184／半自然史文化の評価・186／人間の寿命は二百歳・190／人類学・考古学の年齢測定は誤り・192／子どもの行動から自然史食を推測する・196／ハーバリズムは自然史文化の代表・199／主観の重要性：アメリカ原住民の神話・伝説と精神世界・202

第七章　自然史思想の性質　論理から無意識へ　207
自然史思想は一般論・208／自然史思想はメカニズムは問わない・209／人類の単一性・多様性・211／反自然史的な思想・213／自然史思想は主観を重視する・215／思想とフィーリングの共存を目指す・216／自然史思想の原理のまとめ・217

第八章　人類の病因論　社会レベルの病気と治療　219
病める現代人・220／現代病の根源としての現代社会・221／社会学的無知に陥らないために・223／人類の病因論：時間軸の重要性・224／社会学的な視点からの人類の病因論：社

会史病因論・226／資本主義の由来はキリスト教・227／ユダヤ教の発生要因は過酷な砂漠環境・229／病気は文化とともに・230／社会史文化の必然性は適応環境からの逸脱のため・232／社会的な病気と破壊は避けられない・236／自然史医学という概念・237／科学技術では解決不可能だが、地域社会の強化による部分的解決は可能・239／環境破壊という悪・242

第九章　自然史思想を実行に移す　245
自然史思想の第二原理を具現化する・246／地域環境の改善と自分の主観の大切さ・247／生活のリズムを整える・249／病気になったら・250

補章(1)　自然史思想のまとめ　253
自然史思想の定義・254／自然史思想の目的・254／自然史思想の基本仮説・254／自然史思想の基本原理・254／自然史食事学の基本原理・255／自然史医学の基本原理・255／遺伝子適応環境・255

補章⑵　自然史思想のキーワード　257
おわりに　268

はじめに　自然史思想の目的と基本仮説

自然史思想の目的は、個人の健康と幸福を追究することです。それは、基本的には、個人主義（利己主義ではありません）的な社会を構成する個人へ、生き方のヒントを示すことです。ライフ・スタイルの基盤となるポリシーを提案します。これを**自然史思想の第一目的**と呼ぶことにします。

しかし、もっと大きな目標もあります。**人類社会とそこに生きる現代人を幸福と平和に近づけていくこと**です。「人類にとって理想的な幸福・平和とは何か」という問題を解くことです。そして、人類社会に少しでも解決策を提案し、自ら実行することです。人類社会の目標となるものを明確にしたいのです。それによって、現代社会の問題に新しい視点を投げかけることもできるでしょう。これを**自然史思想の第二目的**と呼ぶことにします。自然史思想は、これら二つの目的のために、論理的に組み立てられた思想です。

「自然」という概念の適切な理解が、現在ほど必要な時代はありません。人間にとっての本当の自然こそ、健康と幸福のために本当に必要なものです。この「自然」という言葉は、定義がかなり曖昧で、使い方によってはまったく人工的なものすら「自然である」と呼ばれます。

そのような混乱を回避するために、本書では「自然史」という言葉を使います。「自然史」は「真の自然」を意味します。ですから、自然史という言葉を理解することが、人間にとっての真の自然を理解することに直接つながっていくのです。自然史とは、文字通り、自然の歴史のことです。単なる博物学という意味ではありません。自然の歴史という視点から人類の歴史を眺めなおすことによって、人類が幸福に健康に、そして平和に暮らしていた過去のユートピア――**遺伝子適応環境**――を知的に探訪することができます。**遺伝子適応環境という理想的なユートピアの状態に私たちの現実を近づけてみることでのみ、真の健康と幸福が得られるはずである**――これが**自然史思想の基本仮説**です。なぜなら、そのユートピアでは究極的に何もかもが「自然」であったからです。この基本仮説を科学的な実験によって証明することは不可能ですが、私はこの基本仮説が真実であると信じて疑いません。それは実験的証明がないために「仮説」ではありますが、後に紹介する自然史思想の三つの基本原理について考えれば考えるほど、この仮説の正当性が浮き彫りになってくることでしょう。

＊　＊　＊

ところで、人類の社会の歴史において、一般に幸福や平和については宗教という形で語られてきました。キリスト教、イスラム教、仏教をはじめ無数の宗教・宗派が地球上に存在します。では、自然史思想も宗教なのでしょうか。

そうではありません。自然史思想は「思想」です。それは現存する科学的情報を総合して論理的に組み立て直した「思想」です。そこには論理があります。少なくも私自身の中では論理的飛躍はありません。科学的な矛盾もありません。しかし、その組み立て方は「人類あるいは個人の幸福と平和」という目標に沿ったものであり、自然史思想は「科学」そのものではないことを明言しておきます。科学では、幸福と平和という実学的な目的の設定は禁止されているのですから。

自然史思想は思想なのです。目標を持った論理に基づいた思想なのです。この思想の真意を知ることで、人類は幸福と平和への一歩が踏み出せるのです。その結果として、自然史思想が最終的に「宗教的」だと言われたとしても、まったく構わないと思います。

自然史思想は、様々な方面へ展開する可能性を秘めています。その一つが食事学への応用です。既刊『自然史食事学』（春秋社）は多少難解であったにもかかわらず、理解ある人々から賞賛の言葉をいただくことができました。当初から、一般論としての自然史思想の確立を計画していましたが、物思いにふけるうちに、『自然史食事学』の刊行からすでに五年近くの月日が流れてしまいました。遅ればせながら、ここに自然史思想を明確化したいと思います。『自然史食事学』の内容と重複する部分も多くありますが、前著で展開した内容よりも深く、かつ広く論じました。

食事学以外にも、自然史思想の応用は多彩です。その一つが医学・医療への応用です。本著でも医学・医療面についてはかなり意識して論じていますが、自然史医学という概念の確立も今後の大きな課題です。また、自然史思想は、環境問題、教育問題、生命倫理問題など、かなり広範囲の社会問題に一つの有意義な視点を提供することができます。

＊＊＊

自然史思想は結果としてそれほど難しい概念を提出しているわけではありません。しかしながら、自然史思想を人々に説明する際にはかなり大きな知識の壁が立ちはだかっていることをしばしば実感しています。その知識の壁とは、進化生物学の概念です。

現代の進化生物学では、地球上の生物は単一の生命に端を発していること、進化の過程を通して多様な生物種が生まれたこと、進化（種分化）の原動力は環境条件からくる自然選択の力であることなどが大前提とされています。それらの大前提を支持するデータは多く蓄積されており、もはや議論の余地はありません。

私は生物学者ですから、このような概念に慣れ親しんでおり、それが自然史思想の形成の基盤の一つになりました。逆に言えば、普段から進化生物学に慣れ親しんでいる人は少数派ですから、自然史思想の基本概念など、単に屁理屈をこねているだけのように感じる人が多くいても、無理のないことなのかもしれません。

大変個人的な話なりますが、私は生物学者として嗅覚や蝶の研究に携わるかたわら、社会思想家として医療や科学に関する執筆・講演活動を続けてきました。本書『自然史思想』はその集大成とも言えるものです。特に重要な進化生物学については本書でも多少解説しました。しかしながら、その基盤となる生物学的な知識そのものは、どうしても本書の内容を超えるものであり、他書に譲るしかないことを実感しています。大学一般教養レベルのユニークな教科書『現代生物学の基本原理15講』（大学教育出版）を現在執筆中ですので、参考にしていただければと思います。余談ですが、純粋な生物学関連の著作では筆名松本ではなく、本名大瀧を用いています。

＊＊＊

私のおばあちゃんが今でも生きていたら、自然史思想についてこう言うでしょう。「そんなの当たり前じゃないの？　そんなことをいちいち長々と考えてたの？」そこで私はこう言い返すでしょう。「うん、当たり前のことなんだけど、論理的に考えるのに時間がかかったんだよ。でも、その論理的な過程の理解こそが、今、現代の人々に理解してもらうために必要なんじゃないかな」。おばあちゃんは、こう答えてくれると思います。「そうかもしれないねえ。だって、私がいくら言っても、もはや人々はわかってくれないからねえ。本当は論理なんかでなく、体で感じてわかってくれれば一番いいんだけどね」。

自然史思想は、このおばあちゃんの生き方を超えるものではありません。もちろん、自然史思想の真意は難しいものではありません。たいへんやさしい考え方です。むしろ、当然のことです。論理的に述べるまでもないほどです。おばあちゃんの言うように、それは本当は体で感じてわかるべきものだったのです。その意味でも、今は資本主義社会にまみれていても、子どもの頃に昆虫や植物と遊んだ経験を持つ人たちには、自然史思想はすんなりと理解してもらえると思います。

しかし、子どもの頃に自然と戯れた経験のまったくない人たちに自然史思想を理解してもらえるかどうか、私は不安を覚えます。本当の理解には頭だけでなく、体で感じることが必須だからです。自然を敵だと直感的に思っている人や、山登りや海水浴などのアウトドアの経験がなく、ゲームやテレビなどのインドアばかりで育った人たちには、自然史思想はどのように写るのでしょうか。少しでも自然と触れ合った経験や自然を愛する心を持つ人々を育てることが重要です。

私は、価値基準を見失いがちな混沌《こんとん》とした現代社会の中を、それでも泳いでいこうとする知的な人々にこそ、是非、この本を読んでほしいのです。必ずや、生きるためのヒントが見つけられるはずです。

二〇〇六年四月

松本　丈二

序章(1)

現代社会の諸悪の根源を探る

自然史思想は、「現代の諸悪の根源は何か」という発想に端を発しています。その原因がわかれば、自分の行動ばかりか、社会全体を修正できる可能性が見えてくるかもしれないからです。第七章で詳細に論じますが、ここでは、「諸悪の原因」をざっと概観してみましょう。

現代社会の評価：平和で楽しい社会？

戦争を経験した人々や日本の高度経済成長を支えてきた世代の人々に、現代社会の評価を求めると、ほとんど必ず以下のような答えが返ってきます。

「今はいいねえ。何でもあるし、平和だし」

そして、このように続くのが一般的なようです。

「昔は戦争もあったし、食べ物はないし。車や電話もないし、テレビもないし。ないものばかりで大変だったねえ」

そこで、私が尋ねてみます。

「じゃあ、昔にあったけど、今ないものはないの？」

その答えは返ってきません。

現代に商品が溢れかえっていて大変幸せな世界であると考えている人は、本当に幸せな人か無知な人です。商品が溢れかえっているのは、昔存在していたモノが商品化され、何かに取って代わられたためです。つまり、昔あったはずのものは、この地上から姿を消してしまいました。その結果、どこかへの富の集中が助長されたのです。

そして、そのような人が、自覚しているかどうかにかかわらず、彼らは社会的勝者であることも忘れてはなりません。勝者には敗者の心はわからないものです。現代社会は勝者ばかりが目立つ社会となっています。これは日本国内だけでなく、世界に目を向ければ一目瞭然のことです。南北問題について、ここでとりたてて論じる必要はないでしょう。

自殺・病気・事故・環境破壊

時代別や地域別に社会を評価する際、一つの指標になるのが、自殺率です。フランスの偉大な社会学者デュルケイムが最初にこのことに注目しました。自殺率ほど社会の劣悪さを端的に表わしている数字はありません。

現代社会の自殺率が史上空前であることは、言うまでもありません。もちろん、各時代・地域における適切な統計データが存在するわけではありませんが、旧石器時代人として生きたアメリカ原住民などの部族の人々の間では自殺はまったくなかったことは容易に想像できます。ここ百年や二百年の日本の歴史をたどってみても、現代ほど自殺率が高い時代はないでしょう。現代では、自殺は死亡原因のトップ10に位置づけられています。前項で紹介した勝者の発言は、このような事実を完全に無視しています。

自殺とまではいかなくても、現代社会では生きる価値観を失い、デュルケイムが定義する「アノミー」という状態が蔓延《まんえん》します。アノミーに代表される精神的な苦しみは想像以上に大きく、生きる意欲をまったく失わせてしまいます。生きる楽しみがないのに、仕方なく生きている人々が多い社会、それは地上に現われた生き地獄ではありませんか。

一方、精神的障害はなくとも、いわゆる身体的な病気で苦しむ人も稀ではありません。悲しむべきことに、ほとんどの現代人が、何かしらの「病気」のために薬物を服用しています。生きがいもなく寝たきりの老人や病人の数も増え続けています。ガンや心臓病などの現代病の死亡率は相変わらず死亡原因の上位を占めています。しかも、そのような「生活習慣病」の低年齢化が問題となってきています。ほとんどの人はガンか心血管性の病気で亡くなるのですから、これは人ごとでは済まされません。私はこれまでに何人ものガン患者の悲惨な死を見てきました。

特定の「病気」は持っておらずとも、仕事で苦しむ人は莫大な数にのぼるでしょう。多くのサラリーマンはただ金銭的理由のために仕方なく働いているだけで、何の生きる楽しみも持っていません。そして、過労死が現実的なものとして、彼らの目の前にチラチラと横切るのです。私は自分自身が大好きな生物学関連の職についていますが、それでも情報化社会の移り変わりの早さに翻弄されることが多く、過労死するのではないかと時々不安を覚えるのです。

事故による障害も後を絶ちません。交通事故による死亡者数はかなりの数に上ることは、ここで述べるまでもありません。一人の人間の命が本当にかけがえのないものであるならば、自動車の使用は厳しく制限されなければならないでしょう。しかし、経済を優先するあまり、そういうわけにもいきません。この事実は、日本のような高度資本主義社会においては、少なくとも社会レベルでは、経済（つまり金銭的利益）のほうが人の命よりもずっと重いものであることを物語っています。そういう私自身も、現代社会で生きていくために車に乗ることが避けられない立場にあります。

そして、「現代にはないもの」の代表が、豊かな自然です。自然環境は商品化の搾取の対象ですから、少なくとも資本主義社会の定義から考えて、壊された自然環境を直接お金で買い戻すことはできません。環境破壊は今尚続いています。それに伴って、人の心の崩壊も続いています。そして、それが自殺や犯罪となって表面化しているのです。

旧石器時代以前から何万年も続いてきた人類の文化は、商品化の名のもとに搾取され、結果的にその原型は滅んでしまいました。今では、人類学者の記録だけが過去の存在証明となってしまった文化は数限りありません。

資本主義の弊害

そもそも、資本主義の発達とは何でしょうか。それには様々な解答が可能でしょうが、ここでは、資本主義は侵略行為であることを指摘しておきます。つまり、何かを搾取することで商品を作り、利潤を生む行為です。現在の情報化社会では、商品化をめぐる状況は複雑ですが、資本主義の根底に略奪行為があることはゆるぎない真実です。例えば、昔どの文化にも存在したハーブ（薬草）の使用法からヒントを得て、その抽出物を商品化すると、昔の文化は一気にすたれてしまいます。現在では味噌造りの文化は商品化のために退廃していることがよい例でしょう。「商品化」とは、つまり、略奪行為なのです。このことは、バンダナ・シバの名著『バイオパイラシー』（緑風出版）に見事に描かれています。

味噌造りの商品化程度では、それが略奪行為であることが実感できないかもしれません。しかし、そのような商品化を徹底的に進めていけば、そこには結果として画一化した商品経済が残るにすぎません。心温まる味噌の多様性は、確実に蝕まれてしまい、遂には文化自体の崩壊を招くのです。

資本主義の原型的行為は、いわゆる列強国の略奪行為に見て取ることができます。植民地政策です。日本が現在、先進国であることと、過去に富国強兵政策を掲げて周辺諸国に対して略奪行為を繰り返してきたこととは偶然の一致ではなく、当然の結果なのです。先進国のほとんどが欧米諸国であることも、当然の結果です。現代の商品の氾濫を褒《ほ》め称える発言は、過去の列強諸国の略奪行為を賞賛することにつながってしまうのです。

最近は、ＩＴ産業によって資本主義経済が超加速化されています。いわゆるＩＴ革命は、革命でも何でもなく、資本主義の加速化現象にすぎません。その結果、状況はさらに悪化しました。すべて急ピッチで世界経済が動いていくからです。われわれのような資本主義経済における歩兵は、グローバル化した世界経済に猛烈に振り回されてしまいます。

そこでは、価値観の単一化とリアリティーの混迷が生じています。現在はグローバル化が進み、世界全体が「アメリカ化」しています。そして、バーチャルな世界が多用される結果、人々はニセモノと本物あるいは空想と現実との区別ができなくなります。

このような社会では、自殺や犯罪に代表される様々な深刻な問題が浮上し、もはや対処療法で切り抜けることは困難となってしまいました。

言うまでもなく、いわゆる南北問題が解決することは永遠にありません。もしあるとすれば、それは、資本主義経済が滅びるときです。発展途上国は常に搾取され続ければ、高度資本主義経済は成り立たないのですから。

歴史分析から原因を探る(1)　キリスト教とユダヤ教

では、なぜ、どのようにして現代のような苦しい社会ができてしまったのでしょうか。現代社会の諸悪の根源は何でしょうか。現在の状態を「結果」として考えると、その「原因」は何でしょうか。

ある結果の原因は必ず過去にあります。これは論理的な考え方の基本事項のひとつで因果律と呼ばれます。つまり、現代社会の問題を解くには、社会発展に関する歴史的な分析に頼るしかありません。過去に何が起こったのか、それを見極めることが、唯一、私たちに解答を与えてくれるのです。ここでは、現代から過去へと歴史をたどって考察してみましょう。

資本主義社会の思想的基盤は科学およびキリスト教にあります。産業革命がプロテスタントの思想に裏打ちされていることは、史上最大の社会学者マックス・ウェーバーによって示されています。そして、近代科学の成立も、その精神を継承していることは、ロバート・K・マートンの科学社会学が明示しているところです。資本主義国（いわゆる先進国）がほとんど欧米のキリスト教国であるという事実が、このことを物語っています。キリスト教と科学の接点についいては、序章(2)で論じます。また科学的方法論の徹底的な批判については、『自然史食事学』（春秋社）に委ねたいと思います。

では、キリスト教はどのような歴史的背景を背負っているのでしょうか。

キリスト教は、厳格な一神教であるユダヤ教を改良したものです。キリスト教は、一神教でありながら、「三位一体」という概念のもとに、多神教的な側面を多少許容することで多くの人々へ布教することに成功しました。

キリスト教には、「聖霊」という多神教のカミに似たものが存在します。つまり、父・子・聖霊からなる三位一体を神の本質とすることで、もともと多神教を信仰していた多くの人々の心をとらえることができたのです。そして、三位一体の特徴である「聖霊の増殖性」が「商品の増殖性」という資本主義社会の特徴と概念的に類似しているのは決して偶然ではないでしょう。言い換えると、キリスト教には商品経済を育むための基盤となる概念すら用意されているのです。このことは、中沢新一氏の『神の発明』（講談社）に如実に描かれています。

一方、ユダヤ教が直接、現代社会の「進歩」に寄与することはありませんでした。ユダヤ教徒は、独自の知的コミュニティーを形成していますが、その教えに汎用性はありません。私はマサチューセッツ大学の学生時代、ユダヤ教徒のコミュニティーで暮らしたことがありますが、彼らは決してキリスト教を認めようとはしませんでした。それは、キリスト教が「本物の一神教」ではないからです。当然ですが、彼らはクリスマスも祝いません。

いずれにしても、ユダヤ教がなければキリスト教の誕生があり得なかったことは事実です。そこで問題は、ユダヤ教という一神教がいかにしてこの地上に誕生したのかということに帰着されます。

歴史分析から原因を探る(2)　ユダヤ教と高神

ユダヤ教の誕生以前には、一神教はこの世に存在しませんでした。ですから、ユダヤ教の誕生の背景には、かなり特殊な状況が隠されていると考えられます。おそらく、その原因の一つは、急激な環境異変ではないでしょうか。それまで平穏に暮らしていたユダヤ民族の土地に、急激な砂漠化が進行したのではないかと想像されます。その原因が単なる自然災害であったのか、あるいは彼ら自身による環境破壊のためであったのか、それは定かではありませんが、それまでの平穏な生活環境が比較的急激に変化してしまったことで、彼らは生きる指針を見失ってしまったのです。それまでのように平穏に多神教を信望していては、もはや自己の生存が危ぶまれてきたのです。その結果、人々は絶対神の教えのもとに自然に働きかけて自然を改良するという思想を発明するに至りました。人間による自然の支配です。それは農耕の発達とも軌を一にしていると思われます。

多神教は、基本的に自然のカミを敬い、畏敬の念を汲み取ることから出発します。しかし、あまりに厳しい自然状況のもとでは、自然に対していたずらな畏敬の念を抱いているだけでは、たちまち身を滅ぼしてしまうこともありえます。厳しい自然環境で生き残るためには、自然に打ち勝つくらいの気迫で自然を改良しなければ生きられなかったのではないでしょうか。

いずれにしても、この「一神教」あるいは「絶対神」の発明は、人類にとって革命的な結果をもたらすこととなりました。ただし、様々な旧石器時代の部族の多神教に、まったく一神教的な側面がなかったわけではありません。一神教の発明は人類史上、最も大きな革命の一つですが、その革命以前に、すでにその萌芽《ほうが》が見られます。絶対神ほどは絶対的ではないけれどもある程度の絶対性を持つ神は「高神《たかかみ》」と呼ばれています。アメリカ原住民からタスマニア原住民まで、ほとんどすべての部族に高神が存在します。

高神は、多神教の基盤である「八百よろずのカミ」とは多少異なり、自然界全体を統率しています。しかし、真の絶対神とは違います。その違いは、高神は他の多くの神々の存在を否定することなく、また、自然界と切り離されたものではなく、常に神々の一部として、自然界の一部として存在していたことです。例えばアメリカ原住民には高神として「グレート・スピリット」の概念があります。これは他のスピリット（カミ）の上位に位置づけられるものですから、一見すると一神教の絶対神と見間違えてしまいそうです。しかしながら、そこには明確な違いがあります。一神教の絶対神は、自然界や人々の世界を完全に超越しており、八百よろずの神々を抑圧します。一方、高神にはそのような性質はありません。

豊富な知識と幅広い思想で精神世界の歴史を描く中沢新一氏によると、一神教の起源は、この高神に求めることができます。高神はほとんどすべての部族に普遍的に見られることから、ユダヤ民族による絶対神の発明には、ある程度の必然性を見出さざるを得ません。

歴史分析から原因を探る(3)　高神の起源

では、この高神の起源は何でしょうか。中沢新一氏は、高神はホモ・サピエンスとしての人間の脳に刻み込まれた本質的なものであるとしています。つまり、極端に解釈すると、高神の出現は、ヒトの遺伝子あるいはゲノムとして準備されたものであるということになります。

しかし、その解釈は誤りだと言わねばなりません。

旧石器時代人はすでに、地球上のあらゆる土地へ分布していました。現代文明が発達する以前から、北極圏から熱帯まで、あらゆるところにホモ・サピエンスは分布していました。しかし、北極圏はヒトの理想的な生活場所ではありません。後述するように、ヒトは比較的狭い「ある場所」でその祖先種から進化してこの地球上に誕生しました。人類の単一起源説です。この考え方は現代の人類学によってゆるぎなく支持されているばかりでなく、生物種の進化（種分化）のしくみから考えても納得のいくものであるため、今後くつがえされることはないでしょう。

この進化（種分化）を育んだ環境こそ、ヒトにとって最適の居住環境であり、そのときのヒトの状態こそが、遺伝子が期待した機能を十分に発揮できる状態なのです。その環境を**遺伝子適応環境**（あるいは単に**適応環境**）と呼びます。この適応環境における人類の生活を研究することこそ、自然史思想の応用につながります。これについては、今後、本書で論理的に展開していきますので、ここでは、曖昧な理解だけでも結構です。

話を元に戻しましょう。旧石器時代人は地球のあらゆる環境に適応しましたが、それは適応環境から逸脱した環境に暮らしていくために人工的に発明された文化の力によるものです。彼らの文化は「**自然史文化**」という適応環境での文化の延長であり、純粋な自然史文化そのものではありません。本書ではそれを「半自然史文化」と呼びます。その半自然史文化の中で見られる高神が、遺伝子適応環境における純粋な自然史文化においても存在したかどうかは疑問です。旧石器時代人の半自然史文化は、非常に文化的に洗練されており、遺伝子適応環境において生まれたばかりのナイーブな人類が遺伝子進化の結果として最初から供え持っていた文化と同一であるとはとても思えないのです。

私は、適応環境における自然史文化においては、高神は存在しなかったと確信しています。豊かな自然環境のもとでは、高神などという概念は役に立たないからです。高神という概念は人類が非適応環境への分布を広げていくときに生活の指針となるものとして発明されたと考えるのが自然です。もし、それが本当なら、では、どのようにして高神が発明されたのでしょうか。

そのきっかけも、絶対神の発明のきっかけと同様、環境異変が一つの可能性として挙げられます。生物種の進化（種分化）は比較的、空間的に限定された場所で起こるのが常です。具体的には、小さな島や半島あるいは山岳地帯の高原など、他からの遺伝子の流入が著しく制限されている場所です。このような限られた場所で新しく進化した生物種が、環境の変化によって滅びることは決して稀ではありません。環境に変化が起こると、より住みよい新しい環境を求めて移動せざるを得ません。そして、多少の悪環境にも居住できるように工夫を凝らさなければなりません。それができない場合は、その種は死に絶えてしまうわけです。あるいは、その種から新種が形成される場合もあります。

現生人類ホモ・サピエンスを含むホモ属にも、滅びた化石人類が多く見られることは、この理論の正当性を暗黙のうちに裏付けているのかもしれません。彼らは新しい環境に耐えることができなかったために滅びたのです。また、現生人類ホモ・サピエンスでさえも、その遺伝的多様性が非常に小さいことから、過去に絶滅の危機に瀕していたことが、分子進化学的分析により指摘されています。

そうすると、ホモ・サピエンスはいやおうなしに適応環境を追われ、様々な土地への文化的適応を余儀なくされたことになります。おそらくその中でシャーマンという特別な人物が発明され、高神という概念も発明されたのでしょう。

歴史分析から原因を探る(4)　農業の発明

これまでに、宗教学的な視点から、絶対神や高神の出現によって世界が思わぬ方向へと動いてしまったことを指摘しました。確かに、現在、実質的に地球上を支配している資本主義の諸悪の根源を絶対神や高神に求めることは正当ですが、逆に、絶対神や高神が発明されなければ平和な社会が構築されるのかというと、そうではありません。

ユダヤ教の出現以前にも、古代文明は出現し、都市国家すら形成されています。古代エジプトや古代中国の文明は、高度な科学技術を持っていました。また、古代ギリシア・ローマでは、哲学や芸術をはじめとした高度な文化が栄えました。しかし、これらの古代文明は奴隷制度を基礎とした戦闘的な社会であり、お世辞にも人々が平和で幸福な生活を送っていたとは言えません。ほとんどの人々は奴隷として搾取されていたわけですから。

このように考えていくと、現代社会の弊害の多くはキリスト教やユダヤ教に端を発することは確かですが、それよりももっと根源的な悪が、古代文明が繁栄する以前に発明されていたのではないかと考えることができます。それこそが宗教学的には高神の発明に対応すると考えられますが、それに勝るとも劣らないインパクトのあった文化的行為として、農業の発明を無視するわけにはいきません。

農業の発明以前には、人々は自然環境から与えられたものだけを食べていればよかったわけです。少なくとも、人類発祥の地である適応環境においては、それで必要十分でした。しかし、何らかの天変地異で適応環境を追い出されると、環境から受動的に得られる食物だけでは生きていくことが困難になったのでしょう。自然環境に働きかけて労働によって食物を得るという農業が発明されたのです。農業は世界各地で独立に発明されたと思われます。

農業の発明によって、生活は改善したのでしょうか。いや、事実はその逆で、農業に携わる人々の健康状態は悪化し、寿命もかなり短縮されてしまいました。しかし、努力の結果として食物が得られるわけですから、それは富として蓄積され、社会階級を生み出す原因となります。そこに権力社会が形成されることになるのです。つまり、権力の発生は農業の発明と表裏一体なのです。

同様に、農業の発明は人間に「考える」という行為の発達を促したのではないでしょうか。自然環境に働きかけて試行錯誤するという行為自体、科学の実験とよく似ています。生きるうえで「感じる」だけではなく、「考える」ことが重視されてくるのです。

農業の発明が平和な世界を破壊したことについては、第一章および第六章で再度論じます。人類の自然史と社会史を分ける一大イベントは、農業の発明であったと私は確信しています。そのような農業の発明も、適応環境を追われた人々の苦肉の策であったのかもしれませんが。そして、ひとたび農業が発明されれば、文明が起こり、そのうちに絶対神が発明され、結果として現代のような資本主義社会が発達するのは、時間の問題だったのかもしれません。

人類の社会史の再構築

ここで、復習も兼ねて、人類の社会の歴史をその誕生の瞬間から概観してみましょう。適応環境において平和に暮らしていた人々には、より原始的な自然界への畏敬・畏怖の念がありました。それは八百よろずの神々の概念に近いものです。彼らには歴然とした社会階層はなく、単に年齢や性別や個人の特性による多少の分業以外はありませんでした（実は、これが重要な概念です）。そこに、天変地異が起こり、遺伝子適応環境が破壊されます。新しい過酷な環境に適応するため、人類は農業を発達させ、社会階層や分業をさらに発達させ、精神的な拠り所とする高神を発明しました。それでも、この状態で何万年も、人類はそれなりに平和な状態で暮らしていました。

しかし、その中で、ユダヤの民の生活環境に天変地異が起こり、彼らは自然環境の統制を目的として高神を絶対神にまで高めてしまいました。その宗教は戒律が厳しすぎ、世界中に広まることはありませんでしたが、ユダヤ教に多少の修飾を加えたキリスト教の誕生を促しました。キリスト教は、絶対神を掲げながらも、三位一体説という逃げ場を作ることで、世界中に布教され、人々の絶大なる信望を集めました。

キリスト教社会がヨーロッパを中心とした世界体制を形成していく中、プロテスタントという宗派が誕生しました。彼らの労働の精神は、産業革命へとつながり、ひいては科学の発達を促し、現在に至っています。

このように、人類の歴史を振り返るとき、われわれは偶然性と必然性の織り成す時間の流れを見ているのです。そもそも、ヒトの遺伝子群（ゲノム）は高神や絶対神の出現のために準備されたものではありません。しかし、一旦、適応環境から逸脱してしまったあとには、ヒトは「高神などの発明がなければ、適応環境へのノスタルジアを満足できないような性質を持った生物」であると言えましょう。それはある程度の必然性とある程度の偶然性をはらむものです。

ただし、付け加えておくと、私はこの「天変地異説」が必ずしも正しいとは思っていません。

もう少し、生物学的な議論もなされるべきでしょうから。また、ここでは資本主義の弊害を宗教的側面から問い詰めましたが、カール・マルクスのようにモノの動きから人類の歴史を問い直すこともできます。そのような話は後の章で取り上げることにします。いずれにしても、ある程度の必然性とある程度の偶然性の織り成す結果として今の人類があることに関しては、どのような議論を展開しようとも、まったく同じ結論に達します。

諸悪の根源は何か

では、何が悪かったのでしょうか。何が現代社会の諸悪の根源なのでしょうか。いや、特別に何が悪かったわけではありません。キリスト教の出現を一概に批判するわけにはいきません。ましてや、キリスト教徒を批判することはできません。彼らはある種の必然性をはらんだ存在なのですから。それは社会の歴史の力の結果として生まれたものである限り、批判されるべきものは社会なのです。

しかし、これまでの議論が正しいとすると、その社会の方向性を決めたものは偶発的な天変地異だったのですから、社会を批判することすら、正当化されません。天変地異を批判することは、自然界というカミの世界を批判することになってしまい、ナンセンスも甚だしいと言わねばなりません。天変地異を経験した過去の人々は、そのような劣悪な環境で必死で生き抜いてきただけなのですから。

この章の目標であった「現代社会の諸悪の原因」は、突き進めれば、遺伝子適応環境を破壊した天変地異となります。それは人類の進化の歴史として「意図されていた」わけではありません。すると、非適応環境においても文化的工夫を凝らすことができるほどに発達していた脳、そして、その脳を作ることができる遺伝子群（ゲノム）自体が諸悪の原因と言わねばならなくなります。けれども、それは自己否定になってしまいます。われわれヒトがヒトのゲノム自体を責めることは、ヒトという種の生存に価値を置くならば、まったくのナンセンスです。そのときにヒトが滅びてしまえばよかったのにと回顧しても仕方ありませんし、そのような発想こそ、非自然史的と言わねばなりません。適応環境が破壊されたときに滅びる運命を回避すべく、一生懸命に生きた人々がいたのですから、責めることはナンセンスでしょう。

このような境地に至り、われわれは現代社会の諸悪の根源として、「天変地異による社会変革」と「それに耐えうる能力を持つ遺伝子群（ゲノム）」を特定することはできましたが、これらは、人類の生存上、避けて通ることができなかったと考えねばなりません。それらを本当の意味で諸悪の根元とすることには無理があります。つまり、**諸悪の根源は存在しなかった**のです。もちろん、旧石器時代の状態でいまだに社会が留まっていれば、そして、地球全体が大きな天変地異で消滅するまでそれが継続されれば、それで平穏無事であったはずですが。

人類は、適応環境を去ったそのときから、最初はゆっくりと、そして絶対神の発明以後は加速的に劣悪な社会への道を邁進してきたのです。それが人類の運命であったのです。

自然史思想で価値観を確立する

このように、諸悪の根源を特定できるほど、人類の歴史は単純ではありません。ただ、このような思考過程を通して唯一言えることは、このように人類の社会史を自然史的立場から見つめなおしたとき、現在われわれが幸福に向かって実行しなくてはならないことが浮き彫りになるということです。このまま突き進めば、人類は滅亡するでしょう。まあ、われわれの世代には滅亡しないでしょうが、今を生きるわれわれにとっての幸福と健康すら、このままでは摑み取ることができません。人類の社会史を自然史的に見つめなおすとき、われわれ個人個人の幸せについて、もう一度根源から問い直すことができるようになります。

自然史思想では、もちろん、社会全体が改善していけば嬉しいのですが（自然史思想の第二目的）、それはあまりにも無理な難題であるという現実直視の立場を表明します。それでも、そのような時代に生まれてきた私たちにも、人生を健全に送る権利はあるでしょう。そのためにこそ、自分だけでも確かな価値観を持ち、目標に向かって人生を謳歌することを目指す以外に道はありません（自然史思想の第一目的）。自然史思想を理解できる人は、きっと賢者としてこの時代を楽しく乗り切り、また、次世代にもそのような価値観を残すことができるようになるでしょう。

そして、もしかしたら、その環が広がって、新しい世界を作ることができるかもしれません。

私は、最後の希望をこの自然史思想に凝縮して、この書物を世の中に送り出したいのです。

序章(2)

科学の発達と進化生物学

自然史思想は、科学批判の立場であるとはいえ、その論理過程は進化生物学をはじめとした科学的知識を基盤にしています。本論に入る前の予備知識として、科学の発達の背後にあるキリスト教の力について考えるとともに、進化生物学の基礎について解説します。

〈1〉 科学の発達とキリスト教

絶対神との対話としての自然科学

世の中には様々な学問分野があります。○○学とつく言葉は大変多くありますね。生物学、化学、物理学、数学はもちろん、医学、薬学、農学、工学、教育学、社会学、人類学、哲学、歴史学、文学、経済学、経営学など、大学の学部の名称になっているものも少なくありません。

その中でも虚学の代表ともいえる自然科学は、ご存知の通り、数学・物理学・化学・生物学・地学・情報科学などを中心として成り立っています。最近は分子生物学の進歩のために、生物学は最先端科学という立場を確立してきましたが、科学中の科学といえば、伝統的には物理学がその中心位置を占めてきました。物理学は非常に完成度の高い学問分野であることは、高校の物理学を学んだだけでも感じることができるのではないでしょうか。

自然科学は西洋世界で生まれ、発展してきました。自然科学においては（というよりも現代資本主義文明においては科学、芸術、思想、社会体制などほぼすべてですが）、特に、イギリス、ドイツ、フランスが旧来からその発展に関与してきました。戦後はアメリカを中心として発展してきました。日本も近年、顕著な業績を出せるようになってきましたが、日本人のノーベル賞受賞者の数も手で数えることができるほどですから、まだまだ欧米と比較すればかわいいものです。

なぜ、科学が西洋世界で発達してきたのか、ここで考えてみましょう。科学中の科学である物理学の礎を作ったアイザック・ニュートンの心境に思いを馳せてみれば、科学が西洋で発達したのは必然であったことが実感できるでしょう。

ニュートンは、おそらく人類史上最大の科学者であるといっても誤りではないでしょう。ノーベル賞はすでに死亡した人には与えられませんが、そうでもしなければ、いくつものノーベル賞をニュートンに授与しなければならなくなります。そのニュートンは、敬虔なキリスト教徒でした。彼はケンブリッジ大学の教授を務めましたが、神学に対して厚い情熱を抱いていました。実際、欧州の大学は神学研究を進めるために設立されたのですから。

ではなぜ、彼は物理学に没頭したのでしょうか。神学と物理学、あるいは、宗教と科学という一見相反するようにも思われる二つの分野がひとりの人の心の中に同居していたのはなぜでしょうか。実は、これは決して不思議なことではありません。現代の感覚では捉えることが難しいかもしれませんが、神への厚い信仰心があるからこそ、多くの努力を惜しみなく物理学の研究に注ぐことができたのです。なぜなら、この世界は神が作ったものであり、物体の運動という神の力の現われを研究すれば、そこに神の意図を汲み取ることができるに違いないと信じていたからです。晩年には、ニュートンは、おそらく物理学だけでは物足りなかったのでしょうか、神秘主義研究へと力を注ぎました。

神との対話を目的として科学に没頭するのは、ニュートンに限ったことではありません。その後に輩出された天才的物理学者たち――アインシュタイン、シュレーディンガー、ボーアなど――もほとんど神秘主義者でした。特に十七世紀、十八世紀には「この世界には神の意図が満ち溢れているはずである」という信条が疑いのないものとしてすべての科学者の心の中にあったはずです。

ここで注意しなければならないことがあります。それは、ここで神というのは、日本のいわゆる「八百よろずのカミ」ではなく、キリスト教の絶対神・唯一神であることです。八百よろずのカミは世界中いたるところにうようよといますが、キリスト教の神はこの世界に一つです。つまり、キリスト教の神は全知全能の絶対神であって、決して日本のカミのように人間にいたずらしたり、何かに失敗したりすることはありません。

神の意図を探求し、ひいては神との対話を可能とするには、神が作った世界の「現象を記述すること」が第一段階として必要でしょう。神の力が現われている現象といえば、太陽、月、星の動きがその代表例ではないでしょうか。これらの天体は天空に規則的に姿を現わし、決して地上に落ちてくることはありません。これこそ神の力の現われだと考えても不思議ではありません。

自然界の法則性

天体の運動を詳細に記録していくと、一見しただけでは雑多な情報が並べられているようですが、実は、その中に「神のメッセージ」が暗号のように入っていることがわかってきたのです。ケプラーはティコ・ブラーエの天体の動きに関する膨大な観察結果をまとめ、ケプラーの法則を発見しました。ケプラーの法則は、「惑星は太陽を一つの焦点とする楕円軌道を描く」ことに関して、その惑星の速さや公転周期について説明する法則です。これは「理由はまったくわからないけれども経験的にこうなる」という、いわゆる経験則です。

ここに、自然界の「法則性」が認識されます。これに注目したのがニュートンです。特にケプラーの法則は、神の力を体現したものとしてニュートンには写ったことでしょう。いや、そればかりではなく、もっと深く、美しい数式で記述される一般法則が潜んでいるはずだとニュートンは考えました。天体の運動だけに限ったことではなく、この宇宙すべて、ありとあらゆるものにみなぎる神の力が一般法則として描き出されるはずだと考えたのです。それこそ、神のメッセージであるはずだと。ニュートンは、惑星と太陽の間に万有引力が働くと考えて、ケプラーの法則を数学的に説明したばかりでなく、この宇宙に存在するすべての物体の運動を説明することに成功しました。

驚くべきことに、そのような運動の法則を確立するためには、当時の数学ではうまく描写できないことをニュートンは認識し、独自に新しい数学体系をも構築してしまいます。これが微積分法です。このような歴史を考えると、高校数学の醍醐味《だいごみ》である微積分法は必ず運動の法則との関連で教えられるべきものです。しかし、高校ではなぜそのような数学的解析法が発明されるに至ったのか、そして、それによって研究者は何が知りたかったのか、まったく意味不明のまま、その結果だけを強要されるため、学生に大きな嫌悪感を抱かせてしまうのです。

いずれにしても、ニュートンのような偉大な科学者が登場するためには、「この世界は絶対神によってゆるぎなく統率されているはずであり、それが一般法則として表現されるのである」という確信を研究者に持たせることができるような宗教が必要条件となります。研究者の信仰心の厚さこそが、研究に対する熱い情熱となって新発見を生むに至るのですから。

生物学は自然史研究から出発した

上述のように、物理学は法則性・一般性を追及する学問という傾向をその誕生当初から背負っています。その誕生の背景には、天文学的なデータの収集が不可欠でした。では、生物学はどのような歴史をたどってきたのでしょうか。

神の力のみなぎりを感じるのは、何も天体の運動に限ったことではありません。当時の人々は、生命現象にも大いなる神の力を感じていたことでしょう。ですから、この摩訶不思議な生命現象を詳細に記述しようという学者が現われても不思議ではありません。

ただ、天体と生命現象には大きな隔たりがあります。現象の複雑性がまったく違います。生命現象は天体の動きよりも桁違いに複雑であることは言うまでもありません。対象とする生物そのものが、基本的に複雑なものであり、ブラックボックスとせざるを得ない場合も多くあります。物理学や化学にも、もちろん、複雑な現象の記述という傾向がないわけではありませんが、生物学ではかなりその傾向が強いわけです。

事実、生物学者は生物の多様性に惹かれて生物学の研究を始めた人がほとんどではないでしょうか。私も、幼い頃はいわゆる「昆虫少年」で、昆虫をはじめとした生物世界の多様さに目を奪われ、幼少の頃から昆虫学者になることを夢見てきました。また、化学者や物理学者でも、最初は昆虫少年だった人も多いようです。ノーベル賞化学者である福井謙一氏もそうですし、歴史上最大の化学者であるライナス・ポーリングもそうだったようです。

複雑な生命現象を記述しようという試みが生物学の出発点ですから、生物学はその誕生当初から生物の多様性を記述する学問であるという傾向があります。身の回りの生物たちを観察し、記載することに主眼を置く学問分野は、博物学と呼ばれます。最近は博物学という名称ではなく、自然史（あるいは自然誌）研究と呼ばれることが多くなりました。

本書では、自然史という言葉を第1章で定義します。自然史思想の「自然史」と、ここでいう自然史研究の「自然史」とは、基本的には同じ概念から出発していますが、多少ニュアンスが異なります。

種を規定する二名法の確立

博物学の起源はアリストテレスにも遡ることができますが、それを体系化したのは十八世紀に活躍したスウェーデン出身のリンネです。リンネはスウェーデンとオランダで博物学の研究をしていました。この両国は現在でも博物学的な研究で素晴らしい成果を挙げています。この時代には生物学といえば博物学そのものでしたから、この時代の生物学の目標は「記載すること」であったといえます。とにかく、多種多様なものを記録すること、つまり、大図鑑を作り上げることが目標だったといってよいでしょう。その方法論として提示されたのが二名法です。

二名法が確立される前には、それぞれの生物はそれぞれの土地固有の俗名で呼ばれていました。リンネは生物の活動単位を「種」として認め（ただし、種の定義はその時点では曖昧でしたが）、それぞれの種に学問上使用することができる「公式な名称」（学名）を付けようと提案しました。その公式な名称にはラテン語あるいはラテン語化された言語を用い、属名と種小名の二語の組み合わせでひとつの種を表現するという方法が考案されました。二名法は、われわれが姓と名を持つのと似ていますね。おそらく、人の名前の付け方をヒントにしたのでしょう。

例えば、ヒトの生物名（学名）はホモ・サピエンス *Homo sapiens* ですね。二名法においては、人の姓にあたるものは分類学上の単位では「属」を意味します。つまり、ホモは属名です。そして、サピエンスは種小名です。属とは、家族のようなもので、近縁のものには同じ属名が与えられます。これは、私の家族がすべて大瀧姓であるのと似ていますね。

ところが、系統分類学も進歩します。当初は *Cynthia cardui* と命名されていたチョウは *Cynthia* 属ではなく、*Vanessa* 属に入れるべきだという見解を持つ学者が出てきたとします。すると、このチョウには新しく *Vanessa cardui* という名称が与えられます。この場合、属名、つまり、姓は変わりましたが、種小名は変わっていませんね。これも、ある人が結婚すると姓だけが変わる場合があるのと似ていますね。学名はラテン語あるいはラテン語化された言語であって、英語ではありませんので、文中では斜字体で表記されます。

ここにおいて、種の存在が明確に認識されることになりますが、その定義は曖昧なままでした。曖昧ではあっても、そのこと自体に何ら問題はないと考えられていたようです。種という生物の単位こそが、神が人間のために創造した「創造の単位」であって、種は完璧なものであると考えられていました。確かに、実際に生物の形態などを観察すると、同一種内でもかなりの個体変異があります。しかし、そのような個体変異は神が創造した「理想からのずれ」にすぎないとして真剣には取り上げられませんでした。逆に、個体変異がある中でも、完璧な個体が理想像として描き出されるはずであると考えられたのです。これはプラトンのイデアを髣髴《ほうふつ》とさせる考え方です。

ところで、現代の生物学は分子レベルの研究が中心ですから、実際の研究において生きた生物をみることは少なくなりました。それを反映してか、最近は、生物を知らずして生物科学科に進学してくる人も多いようです。大学四年生の卒業研究に、チョウの分子系統の研究をしてもらったことがありますが、その学生さんは種という概念そのものが最初はまったく理解できなかったようでした。生き物を見てきた経験が少ないためではないでしょうか。

いずれにしても、学研の図鑑などを穴の開くほど見つめてきた人は今ではかなり少ないようですね。誰かがそれを皮肉って、虫ではなく虫屋が絶滅の危機に瀕しているといっていました。確かに、日本鱗翅学会（蝶と蛾を興味の対象とする人々の集まり）に行くと、年配の人ばかりです。ちょっと悲しいことです。

生物学の統一原理：自然選択説の登場

話を元に戻しましょう。リンネによって確立された博物学は、西洋列強国の植民地時代の波に乗って、大きく進歩しました。植民地において現地住民を無償の労働力として使用することで、欧州列強国は莫大な利益を上げました。その結果、大富豪が誕生しました。彼らは余剰資金を東洋や新大陸からの珍品の収集に使いました。その中でも、昆虫や鳥に興味を持つ大富豪が多く現われました。彼らは探検家をいわゆる「未開地」に派遣し、珍しい生物の標本を収集して楽しんだのでした。また、国家の軍事政策としても探検を含む植民地化事業は継続して行われました。

このように、西洋諸国には、当時の西洋人の常識を超える、想像を絶するような「不可解な」生物の標本が集められました。それらは、高い値段で取り引きされるようになりました。同時に、公共性のある博物館の需要も高まってきたことでしょう。ここにおいて、西洋の人々は、比較的貧弱な欧州の生物相とは比べ物にならないほど多様な生物を目の当たりにすることになります。それに刺激されて、博物学的研究も大きく発展しました。これは、科学の発展が軍事政策などとも密接に関わってきたことを示す良い例であると言えます。

このように、多様な生物世界の記述を目的とした自然史研究が発展していく中で、生物世界の統一原理を唱える人が現われました。それがダーウィンです。ダーウィンもニュートンと同様、イギリス人であり、その研究は十九世紀の博物学時代のたまものだと考えてよいでしょう。ダーウィンはイギリスの大航海時代に南米などに航海し、多様な生物を記載した博物学者でした。ニュートンの物理学の誕生には天文学が不可欠であったように、ダーウィンが提唱した進化論の誕生には博物学が不可欠でした。

ダーウィンの経歴をのぞいてみましょう。ダーウィンはエディンバーグ大学医学部に入学し、退学してケンブリッジ大学の神学部に学びましたが、そのうちに、神の力が体現されている（つまり、神の創造のたまものである）博物学的存在（動物・植物・鉱物）に興味を持つようになりました。ダーウィンは博物学者として一八三一年から六年間、海軍のビーグル号に乗船して南米、濠州、南太平洋の島々を歴訪します。特に、ガラパゴス諸島の調査は有名です。ガラパゴス諸島のフィンチ（鳥の一群）の形態と生態の観察は自然選択説の根拠の一つになりました。

ダーウィン以前には、神は人間を創造し、人間が利用するために、つまり、人間のために様々な動植物を含む環境を創造したと信じられてきました。そして、様々な生物は、それぞれ個別に神の意図に従って創造されたと信じられていたのです。ですから、自然史研究が始まった当初には、様々な生物を記載してみても、それらの関係は必ずしも一般化できるものではないように思われたのではないでしょうか。もちろん、形態的に「昆虫」「鳥」「哺乳類」など、誰が見ても明らかな分類群がありますから、多少は関連性を持たせることはできるとしても、様々な生物を統一的に理解する一般原理が存在するとは誰もが予想していなかったに違いありません。

一方、物理学の場合は、天体の運動にある種の規則性があることは、ある程度は誰もが感じていたことでしょう。月や太陽の動きには規則性があるからこそ、太陰暦や太陽暦ができるわけですから。つまり、ニュートンは、天空（そしてこの宇宙すべて）を司る一般原理の存在にそれほどの疑問を感じることなく研究に没頭できたと思われます。

ダーウィンが発表したのは、自然選択による進化という統一原理でした。一言でいえば、すべての生物は共通の祖先から自然選択の原理に基づいて進化したという一般原理です。これでは、聖書に基づく世界観とは大きく異なってしまいます。種は種として神が人間のために創造し、過去にも未来にも変化しないという確固とした世界観から、種は過去に進化し、また未来では変化しているかもしれないという動的な世界観を提示することになるのです。人間もその例外ではなく、過去に進化によって誕生したと論じられました。これでは、人間だけがこの世界で特別に創造されたという世界観は破綻してしまいます。

このように、自然選択説という学説がキリスト教社会に現われたからこそ、インパクトが強かったわけですが、逆に言うと、キリスト教社会だったからこそ、そのような学説が生まれたのです。非キリスト教社会ではそのような学説が誕生する理由はありませんし、たとえ誕生したとしても、大きなインパクトは与えないに違いありません。人間がこの世界で特別な位置を占めているという世界観は多神教社会では決してみられないことですから。また、自然選択説は生物学における一般性を初めて見つけ出したために、そのインパクトは計り知れないものだったわけです。

ところで、現在では、進化という言葉はかなり普通に使われますが、もともと生物学の学術用語であることを認識しておく必要があります。生物学以外では進歩的な変化という意味で使われるようです。「進化した携帯電話」などというように使われますが、生物学的な進化は単なる進歩的変化とは異なりますので注意しなければなりません。

遺伝学を確立したメンデル

ダーウィンの進化論にも勝るとも劣らない、生物学におけるもうひとつの大きな革命、それがメンデルによる遺伝学の確立です。メンデルはウィーン大学で数学、動植物学、古生物学を学んだオーストリアの修道院の聖職者でした。修道院の庭に植えたエンドウマメで実験したのです。一八六六年、『植物雑種の研究』と題した論文を発表しましたが、当初は誰一人として彼の成果を理解できませんでした。メンデルの死後、一九〇〇年に業績が「再発見」され、今ではメンデルは遺伝学の祖として尊敬されています。

生命現象の中でも特に摩訶不思議なものに、遺伝現象があります。当然のことですが、われわれ人間も他の生物と同様に生殖活動を営みますから、子どもをもうけ、自分の子が自分に似ていることや、兄弟姉妹同士が似ていることや、双生児は互いによく似ていることなど、当時でも経験的に知られていたはずです。けれども、遺伝現象の背後にそれを簡潔に説明できる法則があるとはほとんど誰しも考えることすらしませんでした。遺伝現象はどろどろした摩訶不思議なものであり、そんなにも複雑なものに科学的なメスを入れられるとは誰も考えてもみなかったのです。遺伝という、つかみどころのない現象が物質に還元できるなどとは誰も想像すらしなかったことでしょう。ましてや、ダーウィンとウォレスの自然選択説すら、まだ知られていない時期だったわけです。そのような中で、メンデルは実験によって遺伝の法則を立証したのです。まさに天才的だと言わねばなりません。

メンデルの著作では、三五五回の交雑実験、一万二九八〇個の雑種を作り、それぞれの形質の遺伝の仕方を数学的に検証しました。その結果、「遺伝子」（メンデルの言葉では「エレメント」）という物質的基礎を想定すれば実験結果が矛盾なく説明できるとしました。交雑実験には大変な労力が必要ですが、記録に挙げられていない失敗例も多数あるでしょうから、実際の実験はもっと大変だったことが想像されます。

遺伝現象はどの生物にもみられますから、遺伝に関する実験はどの生物を用いても可能なはずです。そのような中でメンデルは実験材料としてエンドウマメを選びました。これは独創的な選択であったと思われます。対象とする豆の形質を特定でき、豆を一つずつ確実に数えることができます。実験の目的に従って人為的に交配（受粉）させることもできます。もちろん、農芸作物の改良のための実験だと主張すれば、実験を社会的に正当化することも可能です。

メンデルという人物は本当に摩訶不思議そのものですね。突如として現われ、それまでに誰も想像すらしていなかった法則性に目をつけ、自分で材料を選定して実験し、素晴らしい論文を発表しているのですから。ダーウィンは、想像を絶するような多様な生物を目の当たりにしたことによって生物界全体を統一的にみるような法則性を打ち出したくなるような立場にあったはずですから、彼が自然選択説の発表に至ったことはそれほど不思議ではないですが、一体全体、メンデルのパワーと独創性はどこからきたのでしょうか。

メンデルもやはりニュートンと同様に、神の教えを知るための手段として遺伝という現象に注目し、全身全霊を投資して実験したのではないでしょうか。そうでなければ、これほどまでに遺伝学の確立に情熱を燃やせたわけはありません。そして、実際に、メンデルは修道院の聖職者として熱心なキリスト教徒であったことは疑いようがありません。つまり、メンデルという偉大な遺伝学者の誕生の背景には、キリスト教の存在が不可欠であったのです。

科学の発達の背景

このように、ニュートン、ダーウィン、メンデルという敬虔なキリスト教信者たちは、キリスト教の絶対神の意図が体現されている自然界を対象として研究を展開することによって、偉大な成果を成し遂げました。キリスト教と科学というと、現代に生きるわれわれにとってはまったく異質のもののように感じますが、実はそうではなく、科学はキリスト教の申し子であったのです。科学という非常に地道で根気のいる仕事に情熱を傾けることができるのは、キリスト教徒以外にはありえませんでした。もちろん、現代では、科学者が職業として確立されていますから、科学を遂行するのにキリスト教信者である必要はありません。生計を立てていくというモチベーションのもとに科学産業従事者となる例が多くみられます。

このような科学の内部事情を如実に示したのが、社会学者ロバート・K・マートンです。マートンは、科学の発達の背後にある文化的要因について、また、科学社会の構造について検討し、それまで外部者には極めて不可解であった「科学」という世界も、決して文化的な影響を受けない純粋な世界ではなく、むしろ文化的な影響を強く反映している世界であることを明らかにしました。ここで、いわゆる象牙の塔が打ち砕かれたのでした。

実は、マートンは、社会学の巨人ウェーバーの流れを汲む社会学者でした。ウェーバーは、近代資本主義社会の成立に不可欠な要因として、プロテスタンティズムの勃興を挙げています。プロテスタンティズムは、それまでのキリスト教と異なり、生存中にできるだけ労働することが神への礼儀であると説きます。それは仏教において、生前に善行を行えば極楽に行けるとする教えに似ていますね。プロテスタントは戒律の正しい生活を送り、率先して労働に励みました。これが資本主義社会の成立の直接の原因であるかどうかはわかりませんが、プロテスタントたちが資本主義を支える労働力として機能したことは間違いありません。そして、プロテスタンティズムは当時の新興宗教ではありますが、キリスト教であることには変わりはありませんから、序章(1)では、キリスト教の成立へと視点が移されるわけです。

ここで、キリスト教徒による科学の発展の背後には、イスラム教の助けもあったことを指摘しておきます。近代科学の成立にはルネサンスの影響が大きく貢献していますが、それを支えたのがイスラム世界でした。特に科学や数学の発展は、その初期にはイスラム世界で行われました。そして、イスラム世界の科学技術的発展は、古代ギリシア・ローマのものを基礎としています。イスラム教の母胎はキリスト教と同じくユダヤ教ですから、ユダヤ教の影響の大きさが実感されます。

ただし、古代ギリシア・ローマの哲学や科学技術はユダヤ教とはまったく独立に発展したものです。古代ギリシア・ローマでは、現代のような資本主義は発達しませんでしたが、奴隷制度を基盤とした、差別が公然と行われる社会でした。

科学技術の功罪

ところで、科学の何が悪いのでしょうか。序章(1)では、諸悪の根源を歴史的に追求しました。現代資本主義社会の劣悪さについて触れましたが、現代社会の基盤を形成しているのが、科学技術です。科学技術の信望者は、科学技術は非常に便利なものをわれわれに提供してくれていることに着目し、その科学の悪い面に目が届きません。たとえ、核爆弾の発明に代表されるように明らかに社会悪のようなものについてでさえ、冷戦に必要なものであったと肯定する傾向にあります。そして、一歩譲って、核爆弾が「悪い例」だとしても、科学技術そのものは諸刃の剣であり、それは善にも悪にも利用可能であるのだと主張されるでしょう。

けれども、科学技術が善のためだけに利用される社会とは、どのような社会でしょうか。少なくとも、現代社会では、商品になるものであれば、その善悪を問わずに生産されてしまうことは明らかなことです。そして、科学が本当の意味で善のためだけに使われたことがあったでしょうか。いや、科学が善のために使われたことがあったのでしょうか。私には科学が本当の意味で社会の善のために使われた事例はまったく思い当たりません。科学は人々の生活を豊かにしたという幻想を抱かせ、一時的な便利さを提供したにすぎないのです。これは私の偏見かもしれませんが、これについては、第1章で人工と自然の比較という視点から再考します。

〈2〉 種の定義と進化の原理

生物の本質としての種とその定義

種とは生物学の中心的位置を占めるといっても過言ではありません。生物学では、それが生態学であれ、行動学であれ、神経科学であれ、分子生物学であれ、いかなる研究をする場合でも、対象とする種を明確にしなければ研究になりません。

では、種とは何でしょうか。種の定義を明確に述べることができなくとも、種とは何なのか、おぼろげながらでも例示することはできるでしょう。例えば、われわれ人間はヒトという種であり、学名ではホモ・サピエンス*Homo sapiens*と呼ばれる種であることはすでに紹介したとおりです。そのほか、生物学の実験に汎用されるキイロショウジョウバエはひとつの種ですし、アゲハチョウもソメイヨシノもそれぞれ種です。生物は、少し観察してみれば種を単位として行動していることは自明ですね。ヒトはヒトを中心とした社会を構成しますし、アゲハチョウは、自分がアゲハチョウであることを自我を持って認識しているはずはないのに、アゲハチョウ同士で認識しあいます。そして当然のことながら、進化も種の形成を基本単位として起こります。祖先種から新種が形成される過程を種分化と呼びます。

それほどまでに自明な種ですが、実は、すべての生物に通用する種の定義はありません。しかしながら、普段の研究には十分に使える種の定義はいくつか存在します。最も有名かつシンプルな定義は、マイアによる一九四〇年の定義で生物学的種概念と呼ばれています。これによると、種とは、「他の集団から生殖的に隔離されている、実際に交配しているか交配可能な自然集団」と定義されます。

この定義では、基本的に「生殖的な隔離機構」が重要です。別種であるとは、交配が起こっても子孫を残せないということを指します。例えば、ロバとウマの合いの子はラバと呼ばれ、子どもは生まれますが、この子どもは不妊であり、後世に遺伝子を残すことができません。このように、生殖機構による隔離があるため、ウマとロバは別種であると結論することができます。現在ではマイアの種の定義は不完全であることがわかっていますが、本書ではそこまで論じる必要はないでしょう。

進化論を提唱したダーウィンも、種について文字通り気が狂うほど考えました。彼の代表的著作は『種の起源』ですから、その書は、まさに、種がどのようにして進化してきたのかという問題を取り扱っているのですね。そのためには、種の定義を明確にしなければならないというのが物事の論理というものでしょう。

ところが、実はダーウィンは種の定義を明確にしないまま、『種の起源』を出版します。これは批判の対象になりました。ただし、ダーウィンには彼なりの考えがあってのことでした。ダーウィンは「種とは議論を明確化するためにある類似個体の集団に付けられた人工的な名称にすぎない」と述べており、一見、種の実在性そのものを否定するかのようにも思えます。しかし、ダーウィンは種の実在を否定しているのではなく、種の一般論や理想論を否定しているのです。種は実在していても、種の定義を一般化したり、それ以下のレベルに還元しようとすると、実態がなくなってしまうことを見抜いていたのです。もう少し別の言い方をすれば、種はそれぞれの種によって様々であるという種の多様性を看破していたわけです。その意味で、マイアの定義は便宜上のものであることを理解していただければ、ここでは十分です。

本書では、ヒトという生物種がいかにして進化してきたかという問題を取り上げ、それによって人間の生きる道を模索しようとします。つまり、ヒトがその祖先種から種分化したそのときの条件を探ることに焦点が当てられることになります。種分化という進化現象を理解するためには、上述のような種の理解が必須となります。

隔離による進化

マイアの種の定義が現代生物学の反論を免れないとはいえ、多くの種分化現象が少数集団の隔離とともに起こったことは間違いありません。最も単純なのは、ある集団が地理的に隔離されることによって、結果として両集団間の生殖が不可能になるというシナリオです。

地理的な隔離が起こりやすい場所といえば島です。島は陸上生物の遺伝子の流れを外部から物理的に遮断します。例えば、海面の上昇により、大陸の一部が海水によって分断され、島が形成されたとしましょう。島に隔離された集団は大陸の元の集団と交配することはできません。また、島の集団は大陸の集団と比べて極めて小さいため、偶発的な突然変異が集団内に広まりやすい傾向にあります。その結果、長い時間をかけて、島の生物集団は大陸の集団とは遺伝的に異なる集団として進化していきます。そしてついには、元の大陸の集団とは、たとえ人工的に交配させようとしても交配不可能なまでに変化し、ここに新種が形成されるのです。この過程が種分化と呼ばれます。

このようなシナリオによる種分化が過去に起こった証拠として、島にはいわゆる固有種が多いことが知られています。ハワイには七〇〇種を超えるショウジョウバエの固有種が存在するとされています。東南アジア島嶼《とうしょ》には、世界でも随一の生物種の多様性が見られます。ガラパゴス諸島のフィンチの多様性は、ダーウィンに進化論を抱かせるヒントとなりました。日本では、琉球列島や小笠原諸島に固有種が多いことが有名です。固有種とは、その場所以外には生息していない種のことです。イリオモテヤマネコ、ヤンバルクイナ、ヤンバルテナガコガネなどは新聞にも登場することがあるので聞いたことがある人も多いと思いますが、これらは西表島や沖縄島の固有種です。

自然選択説と用不用説

前項では、隔離によって進化が促進されることを説明しましたが、本項では、隔離されたあとにどのようなメカニズムで種分化が起こるのかについて説明します。つまり、「種の起源」はいかなるものかという話です。これは、もうお分かりのように、ダーウィンの『種の起源』が扱っている内容そのものです。

一八五九年、ダーウィンの名著『種の起源』が出版され、その中で展開されたのが、自然選択説（自然淘汰説）でした。ここで自然選択とは何かを説明したいのですが、その前に、ダーウィンの自然選択説以前に提唱されたラマルクの用不用説について解説しなければなりません。

ラマルクの用不用説では、「獲得形質の遺伝」がその中心概念になります。キリンの首が長いのは、首の短い祖先が高いところの草を食べるように努力した結果、多少、首が長くなり、それが世代ごとに次々と遺伝して、ついには、キリンは首長になったと説明されます。この議論のポイントは、昔、キリンが努力して獲得した形質が次世代に伝わっていったということです。

しかし、このような獲得形質の遺伝は、一般的には不可能であることがわかっています。われわれがいくら努力して勉強しても、次の世代にはその内容は伝わりませんね。次の子はまたゼロから勉強しなければなりません。個体レベルで獲得したことは、決して次世代には伝わらないのです。

われわれは体細胞と生殖細胞という二種類の基本的に異なる細胞を持っています。次世代に遺伝する形質は生殖細胞のものだけです。例えば、われわれが努力して勉強して脳細胞（つまり体細胞）にどのように変化を与えても、生殖細胞とは関わりはありませんから、勉強の成果が遺伝することは決してありません。

これに対して、自然選択説では、集団レベルの多様性や変異に注目します。もともと集団内に様々な個性（形質）を持つ個体が存在します。その中で、その集団が生息する環境において最も生存に有利な形質を持つ個体が多くの子孫を残していきます。不利な形質を持つ個体は死亡する確率が高く、有利な個体は生存する確率が高いわけです。このような個体差は、新しい突然変異の導入によっても助長されます。

有利な形質を持つ個体が多くの子孫を残していくと、最後には集団全体がその子孫となってしまうわけです。このようにして、ある特定の祖先の形質が増幅されることになります。進化においては、これが自然環境によって選択されますが、人為的に選択していけば、農芸作物や家畜やペットなどに見られるように、さまざまな品種の改良ができるわけです。そして、「有利な形質」を支配しているのは、もちろん、遺伝子ですから、その遺伝子（あるいは遺伝子型）が集団内に広まることになるのです。そのような世代を通した変化が蓄積されれば、最終的には新種が生まれることになります。

ところで、自然選択説が社会的に大きなインパクトを与えた理由のひとつは、われわれ人間が特別に創造されたのではないと主張されたことが挙げられます。

では、人間はどのようにして、この世に生まれてきたかという問題になります。ここで誤解が生じます。ヒトはサルから生まれたと。自然選択説は、決して、人間がサルから進化したと述べているのではありません。ヒトとサルには共通の祖先があると述べているだけです。もちろん、現生人類の祖先がより原始的であったことに変わりはありませんが。しかし、自然選択説はたびたび誤解され、サルと人間は違うのだから、そんな説はおかしいという非難を浴びてしまいます。

また、逆に、ダーウィニズムは過剰なまでに擁護者を得、自然選択以外は進化のメカニズムとしては認めないという固い風潮を作り出してしまいました。本当は、ダーウィンは、当初、自然選択だけが進化の原動力であるとは述べていません。二十世紀後半になって、ようやくその風潮も解け始め、遺伝的浮動、中立進化、遺伝的刷り込み、遺伝子の水平伝播など、自然選択以外のメカニズムも脚光を浴びてきました。さらには、ラマルク的な進化を髣髴とさせるエピジェネティクスという分野も大きく宣伝されることになりました。とはいえ、自然選択が進化の大きな原動力であることには変わりはありません。

進化は集団レベルで起こる

進化という概念を理解する上で重要なことは、進化は集団レベルで起こるということです。ある個体が突然別個体でもあるかのように進化することはありません。チョウのように卵が幼虫になって蛹になって成虫になるような変化は変態といいますが、進化ではありません。また、個体レベルで生理的変化が起こっても、それは体細胞性の変化ですから、次世代に遺伝することはありません。進化は集団レベルで起こるのです。

最初に成体一〇〇個体（雄五〇個体と雌五〇個体）の遺伝的に均等な集団があったと仮定して

みましょう。雄と雌は生涯を通して特定のペアのみを形成し、雌雄のペアあたり必ず二個体の子孫を残すとします。この集団は集団内で普通に交配している限り、いつまでたっても進化しません。集団の数も成体が一〇〇個体で常に一定です。ここで、この集団内のある個体の性的特質に関連する遺伝子（片方の対立遺伝子のみ）に大きな変化が起こったとしましょう。突然変異です。変わり者の遺伝子を持つ一個体が現われたわけです。その個体は突然変異のために生殖能力旺盛で、他の個体よりも多くの子孫、たとえば四個体を残すことができるとします。つまり、最初は一個体であった突然変異個体が他の個体とペアを作ると、正常個体同士のペアでは二個体の子孫が残されるのに対し、このペアでは次の世代に四個体を残します。突然変異遺伝子が次の世代に伝わる確率はメンデルの法則に従って二分の一ですから、四個体のうち二個体は突然変異遺伝子を保持していることになります。この突然変異遺伝子を持つ個体は、さらに次の世代には四個体、さらに次の世代には八個体、さらに次の世代には一六個体というように、二の累乗で集団内に増加していきます。そのうちに、集団中のほぼすべての個体がこの遺伝子を持つことになります。すると、集団全体として考えると、突然変異体が出現する前の「祖先集団」と比べてかなり違った集団になるわけです。このような変化が蓄積されれば、進化の最小単位である種分化と呼ばれる現象が起こるわけです。

このような種分化の過程は、機械の改良などとは根本的に異なっていることがわかるでしょう。環境からの選択圧を受けながら、特定の遺伝子が個体群の中で増幅していくことで、種分化が起こるのです。

そうはいっても、進化研究の成果をまったく信じない人もまだまだいるのではないでしょうか。進化は過去に起こったことであり、長い時間をかけて起こることであるため、それは想像にすぎないのではないかと。特にキリスト教をはじめとする創造説の崇拝者たちは、進化という事実自体を否定する立場を公に表明しています。しかしながら、実は進化は必ずしも長い時間をかけて起こるものではなく、種分化はわれわれの生きている間に十分に目撃することができることがわかってきました。そのような目撃例は、魚類や昆虫の種分化など、すでにいくつか挙げられているのです。大進化はともかくとして、種分化はリアリティーとしてわれわれの地球上で現在でも進行しているのです。

進化生物学における「創造」のシナリオ

しつこいようですが、最後にもう一度念を押しておきましょう。進化は必ず集団レベルで世代を通して起こるものです。その原動力は、遺伝子に刻み込まれた突然変異と適応すべき環境(適応環境)からの自然選択の力です。そして、ある集団が島などに地理的に隔離された場合に、環境からの自然選択の力が強く働き、また、突然変異が集団内に固定される確率が高まります。

このような種分化の過程を経て、新種が生じるのです。新種は、形成されてしまえば、その祖先種とは生殖不可能な別種となります。万が一、島が再び大陸と地続きになったとしても、新種はもとの集団とはまったく別の存在となるのです。

そして、重要なことは、種分化以前では祖先種にとって劣悪であった環境が、新種にとっては楽園となります。その環境の自然選択圧にしたがって進化してきたのですから、これは当然の帰結です。これが、進化生物学における「創造」のシナリオなのです。

自然思想のアイディアは、この典型的な種分化のシナリオをヒトという生物種にあてはめたところから得られています。ヒトの種分化過程の概略も、決して他の生物と比べて特別なものであったはずはなく、現代進化生物学の教えに沿って考えれば十分なはずです。

そして、偶然か必然か、現代進化生物学の教える種分化過程は、実は多くの人類学的な神話や言い伝えと決して矛盾するものではありません。「ある生物種は、ある環境とともに創造され、その環境において最も幸せである」という信念は、環境に畏敬の念を感じ、環境を大事にする人々の心の中では今もなお生き続けていることでしょう。

第一章　自然史思想の理論的基礎(1)

自然史という概念とその意義

この章では、「自然史」という言葉を「自然界の進化の歴史とそれをもとにした世界観」ととらえることから始めます。幸福と健康を得るためには、人間は自然史のたまものであるという視点が不可欠です。人間にとって「本当の自然」とは「自然史」を意味することを強調します。

〈1〉自然史思想の歴史的・思想的位置付け

自然史食事学と自然史医学――自然史思想の応用として

この本の中心課題は自然史思想です。しかし、それはむやみやたらな思想ではなく、目標を明確に掲げた思想です。その目標とは、個人の幸福と健康（自然史思想の第一目的）であり、人類の理想的社会像の構築（自然史思想の第二目的）です。自然の歴史こそ私たち人間の正しい姿を教えてくれるという考え方、それが自然史思想です。

その具体的な応用例として、私は以前、食事について論じました。それが『自然史食事学』（春秋社）です。**自然史食事学**では、人類の理想の食事法を追究し、現実に沿って食事内容を具体化しました。その結果、現存の食事学の中では理論的に最もしっかりとした、ゆるぎない食事学が完成しました。「健康、簡単、美味」という自然史食の食卓は、すべての人に味わってもらいたいものです。

その「食事学」でも、骨子となっているものは「自然史思想」です。一方、自然史思想は、「いかにして理想的な治癒を達成するか」ということ、つまり、医学・医療面にも応用が可能です。自然史思想さえしっかりと固めておけば、その応用として食事学や医学だけでなく、環境問題や教育問題など、様々な分野へと発展させることができるわけです。

この章では、自然史思想の基礎の部分を『自然史食事学』を読んでいない方にも分かりやすいように工夫して書き起こしました。多少は重複しますが、食事学の時とは少し違った視点から、自然史思想を深めていきます。

ルソーの思想と自然史思想

自然史という考え方が多くの人々に注目されたことは、現在までほとんどありません。しかし、いわゆる社会批判や資本主義批判の思想が自然史思想に近いものにたどり着いていたことは、度々あります。

西洋では、『人間不平等起源論』や『社会契約論』で展開されているジャン・ジャック・ルソーの思想や、教育をはじめとした独自の人間学を築いたルドルフ・シュタイナーの思想に、自然史思想に近いものが見られます。東洋では、老荘思想が自然史思想に近いと言えるでしょう。ここでは、その中でも自然史思想に特に近いと思われるルソーの思想について紹介します。

十八世紀のフランスにおいて、王政に苦しめられている人々を目の当たりにし、ルソーは社会のあり方について熟考しました。ルソーは当時の社会の劣悪さを『人間不平等起源論』に著し、その後、『社会契約論』の中で更なる対応策を検討しています。ルソーの思想は、一言でまとめると、「自然に帰れ」というものでした。人間にとっては野生状態が自然な状態であるはずで、人間が現在のような社会を形成したことは「自然」ではないとします。それは人間の意思によるものと論じられます。そこで、できるなら自然に帰るべきだという結論に達します。

ただし、それは理想であって、本当に野生の状態に帰ることはもはや不可能なので、彼の思想は、その後、社会契約という妥協策の提案に発展していきます。ルソーの代表的著作『社会契約論』は一七六二年に刊行されています。当時はあまりに急進的な思想であるため、キリスト教社会を破壊するとして「禁書」とされました。しかし、これが、フランス革命に大きな思想的基盤を与えました。日本においても、明治維新後の自由民権運動に大きな思想的影響を与えています。

ルソーの論理展開は、理想を明確にしつつ、妥協案を提示するというものです。これは図らずも、自然史思想の論理展開と同じです。私はルソーの思想を意識して自然史思想に至ったわけではありませんが、結果として、私の自然史思想はルソーの現代的な焼き直しにすぎないことをここで認めておきます。ただし、ルソーの時代にはまだダーウィンの進化論すらなく、ウェーバーの社会学も、レヴィストロースの人類学も、ましてや分子生物学もなく、理想状態を具体化することはできませんでした。現在では、これが可能なのです。

ただし、ルソーの思想と自然史思想には大きな違いもあります。前者は「自由・平等」あるいは「民主主義」の創出を最大の関心事としています。時代背景を考えれば、これは当然のことです。当時は一般市民に人権のない世界でしたから。一方、後者は「幸福・健康」を最大の関心事としています。幸福・健康は、個人的なものです。もちろん、社会全体が個々人を大切にする「幸福・健康の権利」を認め、それに即した変革を遂げていってくれれば、それ以上のことはありませんが（それこそ、究極的な「民主主義」と言えるかもしれませんが）、自然史思想は、まずは個人の健康と幸福に焦点を置きます。

マルクスの思想と自然史思想

産業革命による資本主義の発達は、ルソーの時代にはまだ見られませんでした。彼の時代には、民主主義の確立こそが最大の関心事であったことは、前に述べた通りです。その後、イギリスを中心に産業革命が起こりました。カール・マルクスは産業革命前後の資本主義化を自分の目でみてきたわけです。それは人間の本性を蝕むものであったことは想像に難くありません。過酷な労働者階級の生活を目の当たりにするにつけ、彼らの解放のための思想を模索したのです。

労働者階級の開放のためには、社会生産過程の分析が必要であると唱えます。この考え方が、後に社会学を発展させる基盤ともなりました。マルクスは世界史を歴史的視点から分析し、世界史を動かす重要な要素として経済過程に注目しました。さらに厳密に言えば、物のやりとりこそ、最も重要な要素であるとみなします。これが「唯物論」と呼ばれる考え方です。

マルクスの思想は、社会変革という目標を明確に掲げています。そして、階級闘争は社会主義社会あるいは共産主義社会の発展とともに終わるだろうと予言しています。マルクスの思想は、多くの誤解も伴い、中国やロシアの社会主義革命の正当化に利用されることになります。マルクスは良かれ悪しかれ、宗教家を除いて、人類史上、後世に最も影響力のあった人物なのです。

そのマルクスは、人間の本性を論じる際、自然史という言葉を使っています。「人間の自然史を見直せ！」というのです。マルクスはおそらく自然史思想よりも軽い意味で「自然史」という言葉を用いたと思われます。自然史を深く理解していたなら、社会主義社会や共産主義社会が不可能であることは明確であったでしょうから。

しかし、一概にマルクスの思想が不完全であったと責めることはできません。彼の時代には、それ以上に人間の自然史について考察するデータがなかったのです。それが当時の限界であっただけでしょう。

しかし、現在は違います。われわれは、主に社会学、人類学、そして生物学の力を借りて、ルソーやマルクスを超えた具体的な枠組みを提示することができるのです。われわれは、皮肉にも、資本主義社会の発達の成れの果てに生まれたこれらの学問の力を借りて、それらの学問の基盤となってきた資本主義社会を超えることを目指しているのです。

ニューエイジ運動の自然の概念

一九六〇年代にアメリカのカリフォルニアで勃興したニューエイジ運動は、自然への傾倒と体制への反発をモットーとする運動であり、世界的にも大きな影響を及ぼしました。現在の「ナチュラル」志向や「自然派」志向の起源は、ニューエイジに求めることができます。

ニューエイジでは、自然のものが最高であるとうたわれていますから、その意味では自然史思想と軌を一にするものです。実際、私自身もその影響を大きく受けています。けれども、ニューエイジの思想は、もう一歩、自然史思想には到達していません。人間にとって「真の自然」とは何かが明確に論じられていないからです。そのため、「自然（ナチュラル）」という言葉は乱用され、反自然的なものにすら「自然」という言葉が使われることになりました。ニューエイジ運動の提言した「自然」には、曖昧さと乱用がつきまとうものとなってしまったのです。ニューエイジ運動から派生した食事学や栄養学と自然史食事学を比較してみれば、その違いは明らかとなります。その詳細は『自然史食事学』（春秋社）に譲ります。

ニューエイジ運動は、なぜ自然史思想に達することができなかったのでしょうか。その理由のひとつは、時代背景によるものでしょう。

自然史思想の構築には、比較的新しく知られてきた科学的事実とその適切な評価が必要とされます。二十世紀の科学は非常に複雑化し、その内容の本質を理解し、適切に評価するにはかなりの労力を必要とします。ニューエイジの精神は基本的に反体制的ですから、体制派である現代科学にそれほど媚びる理由はありません。また、現在主流の分子生物学は、二十世紀後半になってようやく急速な進歩を遂げました。このような理由から、一九六〇年代に自然史思想に到達するのは難しかったと思われます。

自然史思想は独自な思想であり、同時に普通の思想でもある

これまで述べてきた意味で、この本で提唱する自然史思想は比較的独自なものであると言えます。しかし、地球上に存在した思想はそれだけではないはずです。文書化されていない民衆の思想や民族・部族の思想もあったはずです。このような文書化されていない「思想」は、口承の神話として最近まで生き続けていました。そのような思想は多くの人類学者によって記載されることになりましたが、悲しいことに、現在では、その紙の上以外では、ほとんど滅亡してしまっています。

実は、自然史思想は、その結論に関する限り、文書化された論理的思想としては、かなり独自のものですが、文書化されていないものを含めれば、あまり独自性があるとは言えません。むしろ、ごく普通の思想であることを指摘しておきます。特に、**ワイズ・ウーマン（賢女）の思想**は、人類学者の研究対象にすらほとんどならなかったようですが（つまり、紙の上に記載されることもほとんどなかったようですが）、結果的には自然史思想と同じ究極的なものにたどり着いているのです。そして、その思想はかなり自然史的な「ごく普通の思想」です。それは、現在のところ、大滝百合子著『本物の自然療法』（フレグランスジャーナル社）を通して垣間見ることができます。

自然史思想は最新の科学的事実を元にしていると述べたばかりですが、このことと「普通の思想」であることは矛盾するわけではありません。実は、科学的な情報を総合して構築したはずの自然史思想は、まったく非科学的な方法で構築されてきた思想と同じ結論にたどり着いてしまったわけです。

色々と思考を巡らしても、結果として「普通の思想」になることは、ある意味では当然のことです。人間の人間たる真理への追求なのですから、人類の歴史（以下に説明する社会史と自然史）を通して、ほとんどすべての人間が主観として感じてきたことこそ、正しい人間の思想であるはずだと考えられるからです。文明の発展とともに、西洋のある科学者が発見したことやある哲学者に起源する思想などは、人為的な人間像であると結論せざるを得ません。つまり、文書化されていない「普通の思想」にたどり着いたことは、それが正しい思想であることを証明していることになります。

では、それが「普通の思想」であるならば、自然史思想の構築そのものは無駄であったのでしょうか。いや、そうではありません。自然史思想の結論自体は「普通」ですが、その結論に達する論理過程そのものに価値があります。

さまざまな情報が飛び交う高度資本主義社会に生きる、私のような論理先行型の現代人には、ある思想を信じるには論理的な根拠が不可欠なのです。科学という魔物が勢いよく飛び交う中で、フィーリングや直感だけで正誤を判断できる人は非常に稀なはずです。もちろん、それができる人は、それだけでよく、自然史思想について考えてみる必要はありません。しかし、私のような疑い深い人は、もはや自分の直感だけで生きていては、迷宮に陥ってしまうのです。そこで、論理的過程が必要となります。

矛盾するようではありますが、自然史思想を論理的に理解した後には、フィーリングや直感による「理解」をめざすべきことをここで指摘しておきます。私はこれを**イメージ法**と呼んでいます。

難しい論理をイメージとしてとらえ、イメージの赴くままに行動するのです。そのことによって頭の痛い論理的思考ばかりを先行させる必要はなくなります。しかし、いずれにしても、論理的理解が、その第一歩であることは間違いありません。

〈2〉 自然史という言葉の定義

自然史と社会史

これまで述べてきたように、過去から現在まで世界情勢を掌握してきた西洋を中心とした世界では、自然史思想に近いものはあるものの、それが十分に検討され、人々に浸透していると は言えません。結論を急げば、現代人がいくら苦労して働いたとしても、新しい発明がなされても、それが本当の意味で心から幸福になれない理由であり、同時に、現代社会が破滅へ向かって直進している理由です。自然史という比較的単純明快な考え方をいかに深く理解しうるかが、その人、その社会の未来を決定すると言ってもいいでしょう。

これまで自然史という言葉を何気なく使ってきましたが、ここで明確に定義してみましょう。

自然史（ナチュラル・ヒストリー）という言葉は、確かに、あまり馴染みのある言葉ではありません。けれども、まったく知られていない言葉でもありません。「自然史博物館」に行ったことがある人も多いでしょう。自然史博物館は日本にはあまり多くありませんが、イギリスへ旅したことがあるなら、ロンドンの自然史博物館を訪れた人も多いと思います。ニューヨークにも、広く知られた自然史博物館があります。恐竜の標本などを見に、多くの子ども連れで賑わいをみせます。

ここでいう「自然史博物館」の「自然史（ナチュラル・ヒストリー）」という言葉は、基本的に「博物学」という意味が適切です。それにはあまり歴史性が感じられません。しかし、元来は、博物学の対象となる自然界の多様性は過去の歴史の産物であるという意味があるのです。

実際に、自然史とは、文字通りに解釈すると「自然の歴史」という意味です。そして、本書で自然史思想、自然史食事学、あるいは自然史医学というときの「自然史」とは、まさに「自然の歴史」という意味です。一方、普通に「歴史」といえば、中学や高校で教えられる歴史や大河ドラマなどの歴史を指しますから、自然の歴史という言い方は、あまり聞き慣れないかもしれません。本書では、中学や高校で教えられる人間の文化や政治の歴史は**社会史**と呼んで、自然史とは区別しています。

自然の歴史とは

では、自然の歴史とはいったい何でしょうか。人間の社会と同じように、自然界にも歴史がありります。現在の自然界は一夜にして生まれたわけではありません。気の遠くなるような長い時間をかけてできたものです。私たちの地球は生まれてから四十六億年たっていると言われています。そのあいだに、地球の自然界はさまざまなドラマをくりひろげてきました。それがどのようなものであったか、その詳細は地球科学、古生物学、進化生物学、あるいは考古学の解説書に委ねたいと思います。

いずれにしても、現在の生物は進化によって長い年月をかけて生まれてきたのです。進化の時間単位は対象とする生物によりますが、人間においては百年や二百年ではなく、せめて千年、おそらく一万年単位と考えられています。進化は世代を通して働くからです。

以上のようなことを踏まえて、自然史という言葉を以下のように定義します。この定義では「自然界」および「歴史」という言葉自体はあまりにも自明なので特に説明なく用いました。自然界を歴史という時間の流れから観ることが重要なのです。

自然史とは、自然界の長い進化の歴史のことである。

このような視点から、生物をはじめとした進化の歴史と現在を「自然史」とひとことで呼んでいるわけです。

一方、**歴史主義**（ヒストリシズム）という考え方があります。歴史主義とは、歴史こそ、人間社会を解く最大の鍵であるという考え方です。この場合、「歴史」とは社会の歴史のことを指していますが、自然の歴史にも、その考え方を当てはめることができます。これが、**自然史思想**（ナチュラル・ヒストリシズム）です。

自然史思想とは、自然界は長い進化の歴史のたまものであるという事実を重視する世界観あるいは概念である。

ここで重要なことは、自然界は歴史の産物であるということが自然史の思想の根底に流れているということです。重要なのは、時間の流れです。自然界を観るときに時間の流れを考慮することが重要なのです。人間も例外ではありません。人間も自然界の一部として時間をかけて地球に登場したわけですから、人間も歴史のたまものです。ですから、自然史の思想は人間にもあてはまることになります。これが、人間の真実を追求するための拠り所として、自然史が重要な役割を果たす理由でもあります。人間の食事をはじめ、教育活動や医療問題などの社会問題について考える際にも、自然史の思想は欠かせません。

自然史と社会史の境界は農耕の発達にある

普通の生物には、社会史はありません。しかし、人類は自然史と社会史を持っています。では、具体的には人類の歴史上、どこまでが自然史で、どこからが社会史なのでしょうか。もちろん、社会史が始まったあとでも、ヒトが生物である限り、人類の歴史には自然史の影響は常に存在しますが、便宜上、その二つの断絶が起こった時代を特定することはできます。

人類史をざっと眺めた場合、思想的・精神的視点に立てば、絶対神を中心とする一神教の成立によって、非常に人為的な社会形成が助長されたことは、序章(1)でお話したとおりです。一神教の成立後に、人類が自然史状態から大きく離脱していったことは確かでしょう。

ただし、日本の歴史を振り返ってみると、一神教の影響などはほとんど受けていないにもかかわらず、独自の社会史文化の発展がなされています。聖徳太子や徳川家康が登場する歴史は、決して自然の歴史ではありません。ですから、自然史と社会史の境界となった「歴史的イベント」は、実はもっと別のところにあるのです。

自然の歴史と社会の歴史を大きく分けたのは、農耕の発達であったのです。日本の歴史のうえでは、縄文時代と弥生時代の境界が、自然史と社会史を分ける大きな溝です。縄文時代は、いわゆる石器時代に当たり、人々はかなり自然史的な状態で暮らしていました。自然環境は極めて豊かであるばかりか、人口はかなり少なかったため、食料が不足することはありませんでした。四季を通じて豊かな自然の恩恵を受けることができたのです。労働時間もおそらく一日三時間程度であり、他は遊びの時間でした。その後、弥生時代には農耕が発達し、社会階層も発生しました。ここに**権力が発生する**のです。

多くの人々は、農耕の発達とともに人々の生活は豊かになったと思い込んでいるのではないでしょうか。そうではありません。農耕の発達の結果、人々の生活水準は大きく下落し、健康は蝕まれてしまいました。考えてもみてください。過酷な農作業の後でも、必ずしも多くの収穫が望めるとは限りません。収穫があっても、それはムラやクニの権力者へおさめなければなりません。食事内容は単一化したばかりか、精神的余裕さえ失われていきます。

しかし、縄文時代でも完全なる自然史状態ではありません。序章でも多少述べましたが、人間が理想的な遺伝子適応環境を去ったときから、社会史は萌芽してくるのです。ですから、農耕以前の石器時代は、厳密には自然史状態ではなく、半自然史状態として位置づけられます。遺伝子適応環境については、後の章で論じます。

〈3〉 自然史思想の意義

自然度の判断基準として

ではなぜ、自然史という概念が重要なのでしょうか。それをここであえて簡単にまとめてしまうと、こうなります。何がどのくらい自然的であるかという**自然度**の判断基準として自然史という考え方が重要になるのです。

実は、「自然史的である」ということは「真に自然である」ということとまったく同じ意味のはずでした。私たちの住む現在の自然界は、長い自然の歴史によってつくられたものですから、自然のものはすべて自然史的なのは当然です。けれども、ここでわざわざ「自然史的」と表現して「歴史」の部分を強調したまわりくどい言い方をするのには、それなりの理由があります。

現在、地球の自然界は危機に瀕しています。ですから、現在ほど自然界の正しい認識が必要な時代はありません。そのせいもあってか、「自然（ナチュラル）」という言葉は、必要以上に乱用されているのです。この乱用のため、「自然」という言葉がもはや真の意味では用いられなくなっています。自然保護、自然教育、自然食品、自然化粧品、自然科学、自然医学、自然農業、自然法などなど……。これらの言葉に含まれる「自然」は、まさに、千差万別の意味で使われています。また、ニューエイジ運動においても、「自然」という言葉が乱用されたことは、以前、指摘した通りです。

このように、「自然」という言葉がさまざまな意味合いで用いられるため、何が本当に自然のものなのか、あるいは何が人工的なものなのか、まったく分からなくなってしまっています。何を基準として自然のものと観るかは、その社会の主観が大きく作用しますから、真の意味は置き去りにされたところで、自然という言葉が乱用されているわけです。現代の化粧品産業や食品産業などにその乱用の例を見ることができます。

自然化粧品：「自然」という言葉の乱用例(1)

「自然」という言葉の乱用の例として、身近な自然化粧品について考えてみましょう。現在は「自然化粧品」がちょっとしたブームです。これらの商品には「自然」という売り文句が付いていますが、いったい、これらの商品のどこが自然なのでしょうか。

『本物の自然化粧品を選ぶ』(春秋社)によると、これらの「自然化粧品」にはほとんど人工合成された化学物質ばかりが詰め込まれています。人工的に作られた化学物質は人類が二十世紀に入ってから発明したものですから、自然の歴史に登場する余地はまったくありません。つまり、「自然」という言葉を売り文句にしている「自然化粧品」は、自然史的でない人工の化学物質からつくられているため、まったく自然史的ではないことになります。自然化粧品を販売している会社は「それでもこれは『自然』なんだ」とか「これは『自然派』という意味だ」とか自分勝手な定義を主張することはできますが、「自然史的である」という主張はできません。

確かに、これらの化粧品の中には、申しわけ程度の「ハーブ抽出液」などが入っているのが普通です。その部分を「自然」と誇大広告しているわけです。ハーブ(植物)自体は人類の自然の歴史とともに歩んできたものですから、後で説明する**自然史文化**の核を成すものです。しかし、「ハーブ抽出物」の場合も、抽出度が高い場合が多く、もはやハーブの原形を留めてはいません。化学物質の抽出法も現代になってから人類が開発したものであるため、人類の自然史とハーブ自体とは緊密な関係にあるにもかかわらず、人類の自然史において「ハーブ抽出物」が登場したことはありません。これは社会史において登場したのです。そのような理由で、「自然化粧品」と一般に呼ばれているものは、かなり「自然史度」が低いことがわかります。このように、自然史という観点は、あるものや行動の真の「自然度」を計る基準となります。

自然法：「自然」という言葉の乱用例(2)

「自然化粧品」よりもはるか昔から行われてきた「自然」という言葉の乱用の例を挙げましょう。「自然法」です。

自然法という概念は、古代ヘレニズム時代に起源を持ち、ローマ帝国時代に確立されたものです。一言でまとめると、自然法とは「万民に科せられる永久不変の法律」のことです。普通の法律よりも根源的な法律なので、「法を支配する法」とも言われます。言い換えると、「人間ならばだれでも守るべき道徳がある」という仮定のもとに制定される法が自然法であるといえるでしょう。

しかし、「人間ならばだれでも守るべき道徳」とは具体的に何でしょうか。そのようなものは真理として存在するのでしょうか。この疑問に明確な答が出されなかったため、自然法の解釈はその時代と社会の影響を色濃く写し出すことになります。ローマ教皇の権力が強かった中世には自然法は「キリスト教の神の摂理」そのものであり、それゆえ、ローマ教皇を頂点とした当時の社会体制を厳守することが、自然法の意図するところであると解釈されました。王権神授説という絶対的権力を正当化する考え方も「自然法」の解釈から派生しているのです。これでは、現在からみれば、社会の権力も何もかも「自然」であることになってしまいます。

では、自然法という概念は自然の歴史に登場するのでしょうか。もちろん、そんなことはなく、これは社会の歴史において登場するのです。そして、自然法を定義する際にも、自然史という概念を詳細に検討したとは思われません。このような意味で、「自然法」の「自然」は決して「自然史」ではなく、かなり「人為」であると言わねばなりません。

自然の真髄へ

自然化粧品や自然法の例からわかるように、「自然」という言葉は多義的に使われ、解釈次第でまったく自然でないものや考え方にまで用いることができるという厄介な面があることがわかりました。ですから、自然の真髄に迫りたい場合、単に「自然」ではなく、「自然史」である必要があります。簡潔にいえば、自然史的なものは真に自然であって、そうでないものは真の意味では自然ではなく、自然のイミテーション、つまり人工のものです。このような判断基準は、自然史という概念があって初めて可能になるのです。自然史という考え方は、それらを見破るための処方箋であると思ってよいでしょう。

ではなぜ、「真に自然である」あるいは「自然度が高い」ということにこだわらなくてはならないのでしょうか。人工的なものあるいは社会的なものではなぜいけないのでしょうか。そもそも、自然化粧品や自然法の偽りの「自然」の意味を見破る必要があるのでしょうか。

この問題についてはこの本全体を通して議論していきますが、結論を先にいえば、その必要は十分にあるのです。真の自然を的確に捉えることほど、私たちの人生の幸福、そして人類全体の幸福を達成するために重要なことはありません。それは、人工的なものは人々の健康を侵し、人々を不幸にし、人類を滅亡に陥れ、遂には地球全体を破滅へと向かわせてしまうからです。実はそれが、現在の世界状況です。一方、真に自然、つまり自然史的なものは、人々の健康を促進し、人々に幸福をもたらし、人類と地球・宇宙との調和を実現することができます。

ここでは、自然史という概念が真に自然なものを見分ける「自然度」を判断する重要な基準となるということを心に留めておいてもらえば十分です。最初は面倒かもしれませんが、自然史の考え方は一度身につければやさしいものです。そして、自然史の考え方は、必ず、あなたの人生を幸福に導くのです。

人工的な発明は短期的な便利さだけをもたらす

もちろん、自然のものがよいか人工のものがよいかは、必ずしも一概に言えるものではありません。議論の対象範囲によって、正反対の結論を出すことができます。人工的な発明によって生活は便利になり、人々は幸せになったではないかと多くの人々が主張するでしょう。しかし、本当にそうでしょうか。

例えば、車社会になって、人々は楽に移動できるようになりました。洗濯機の発明により、洗濯という重労働は軽減され、照明器具の発明によって夜でも働けるようになりました。これは、否定できない事実です。そして、そのような発明だけに話を限定して考えれば、人工的なものによって人々の生活は豊かになったと言ってもよいでしょう。

けれども、そのような一見社会に大きく貢献しているようにみえる発明ですら、光と陰の入り乱れたものであることを、私たちは常に心に留めておく必要があります。例えば、車社会の犠牲者は数知れません。交通事故は死亡原因の第十位くらいにいつもランキングされています。もし、「ひとりの人間の命は地球よりも重い」のなら、車の発明と使用は原爆以上の二十世紀最大の悪となってしまいます。車の排気ガスによる環境汚染やそれによる住民の健康状態の悪化などは言うに及びません。

　では、洗濯機はどうでしょうか。ある洗濯機メーカーの話では「日本に洗濯機を普及させたことによって、主婦を家事から解放した」らしいのですが、驚くべきことに、真実はそうではありません。社会学的な調査によると、洗濯機の導入の前後で主婦の労働量は減ってはいませんでした。洗濯機の普及により、洗う回数が増えてしまったためです。人はあまりにも「きれい好き」になってしまったわけです。あまりにも「清潔」や「衛生」が行き過ぎ、人体に有害な化学物質で「清潔」にしなければならなくなりました。これでは、人工化学物質のため、健康は害されてしまいます。そればかりか、合成洗剤の多量使用のため、洗濯排水が多くの自然環境を破壊してしまいました。

　では、照明器具の場合はどうでしょうか。照明器具の発明により、人々は夜中まで働かなくてはならなくなり、ビジネスの競争は加速し、人々は生活のリズムを崩し、健康を害するきっかけとなりました。インターネットや携帯電話の普及も、資本主義経済を超加速化したにすぎません。

　ですから、人工的な発明が一時的な便利さを提供してくれることは事実ですが、本書ではそのような目先の一時的便利さに迎合してはいないことに注意してください。長い目で一生を通してみた人間としての真の個人的幸福や社会・地球・歴史規模の人類全体の幸福について論じているのです。真の幸福には単に物質的な豊かさに留まらず、精神的な豊かさが伴わなければなりません。

そして、現在は「物質的に豊か」だとされていますが、実は物質に限って考えてもそうであるとは限りません。昔あったものが今では消え失せているのです。例えば、現在の食卓はあまりにも食材に乏しいことを人々は認識しているのでしょうか。

車や洗濯機や照明器具によってもたらされた「幸福」は、微視的にみた物質的なものであって、しかも「もっと大きな幸福」を犠牲にしたものであることを明確に認識しなければなりません。具体的には、人工的な発明は幸福の源泉である豊かな自然史文化を破壊し、それと同時に人間にとっての本当の意味での幸福も破壊してしまったのです。これについては、序章(1)で論じたとおりです。

このように、自然史思想は長期的で精神的な個人の幸福（自然史思想の第一目的）だけでなく、人類全体としての幸福（自然史思想の第二目的）と調和も目指しているのです。

第二章　自然史思想の理論的基礎(2)

自然史思想の基本原理

前章では、自然史思想の基礎的な概念とその意義について考察しました。そのような土台の上に、ここでは、二つの基本原理を紹介します。決して難しい概念ではありません。遺伝子適応環境というキーワードについても説明します。

〈1〉 自然史思想の第一原理

第一原理：人間は自然史のたまもの

自然史思想には、キーとなる概念が三つあります。そして、三つしかありません。厳密な意味では、第三番目の基本原理は、第一・第二番目の基本原理の応用であり、第二番目の基本原理は第一番目の基本原理の応用となっています。もちろん、それ以外もすべてその三つの応用にすぎません。ですから、この三つの原理は自然史思想の最重要ポイントとなります。この章では、そのうち二つの基本原理を紹介します。

第一原理について考えるために、最初に、なぜ人工的なものは人々に害を与え、自然史的なものは幸福をもたらすことができるか考えてみましょう。それは、人間という生き物が、自然史的な産物であるからに他なりません。人間が自然史の産物であるということは、生物としての人間には、自然環境要因から大きな利益を受けてきた歴史があるわけです。それが人間の定義だと言ってもいいでしょう。言い換えると、「**人間は自然史のたまもの**」と言えます。これは、自然史思想の基礎の基礎といえるものなので、**自然史思想の第一原理**とします。第一原理は私たちが人間である限り、ついてまわる制約です。しかも、疑い得ない真実です。

もちろん、自然史や自然など考えてみたこともない人も多いでしょうし、生まれ落ちたときから東京やニューヨークのビル街で暮らしてきた人たちもいることでしょう。けれども、そのような人たちでさえ、生身の人間です。遺伝子をはじめとしたその身体は、すべて自然が設計したものです。人工的につくられたロボットではありません。人間は人工的なビル街やロボット工学の研究室から発生したわけではないのです。自然の中から自然の歴史を背負って発生したのです。

「人間は社会的動物である」という言葉は有名です。この言葉は「社会的」という部分が強調されがちですが、人間は「社会的」である前に、「動物」であることを忘れてはなりません。人間は自然界の進化の過程で「ある環境」に適応するように生まれてきたのです。そして、人間も他の生物と差別なく、自然界の進化によってこの地球に誕生したのです。

進化のメカニズムは不必要であり、進化でなくてもよい

少し話がややこしくなるかもしれませんが、ここで注意したいことがあります。**進化**という言葉を持ち出すため、自然史思想は進化論に依存にしているという誤解を生みがちです。基本的な考え方は、序章(2)で説明したように、進化生物学を基盤として打ち立てられました。しか

し、結果としては、進化論に完全に傾倒してしまう必要はありません。「進化論」は進化のメカニズムを推論する学問分野です。しかし、自然史思想は進化のメカニズムは問いません。進化のメカニズムはどうであれ、進化が起こったこと自体は現代生物学のあらゆる点から支持されており、疑いの余地がありません。つまり、生物が「進化してきた」という事実だけで十分なのです。

私の知る限り、人間を含めた生物の進化がこの地球上で起こったという主張に対する論理的な反論はまったく存在しません。進化のメカニズムはダーウィンの主張するように自然選択が中心であっても、今西錦司の主張するように棲み分けが中心であっても、その他であっても構いません。とにかく、すべての生物は進化によって比較的長い時間をかけて、歴史のたまものとしてこの地球上に存在していることが重要なのです。そして、この進化の過程こそ、文字通り自然史（自然の歴史）なのです。

しかし、実は、厳密には、自然史思想に「進化」そのものは絶対的に必要ではありません。多くの民族に伝わる天地創造の神話を受け入れたとしても、自然史の思想はそのままで、変更されることはありません。むしろ、逆に支持されるくらいです。なぜなら、科学的に考えた「進化」でも、ある時点で生命が創造されることには変わりはないのですから。進化であろうとも創造であろうとも、それが自然の歴史ならば、それでよいのです。

そして、多くの神話では、人間とその他の自然環境は平等に創造され、その状態において最も人間らしい生活を送ることができるとされています。そのように神様（カミ）が意図したのですから、それは当然のことです。このことは、以下で説明する第二原理に直接つながります。

人類の単一起源説

人類の進化はアフリカで起こったと考えられています。このアフリカ起源説はチャールズ・ダーウィン以来のものです。一時的には「人類は世界中いたるところで発生した」とする多起源説が流行したことも過去にはありますが、それは現在では否定されています。現在では、人類はアフリカのある場所であるときに誕生したとされています。これが**人類の単一起源説**です。

ここで言う「人類の出現」とは、広義には最も古い化石人類アウストラロピテクス属の出現のことを指します。アウストラロピテクス属は、五百万年以上前から百万年前にかけてアフリカに生息しました。彼らは直立二足歩行をし、手を器用に使うことができたと考えられています。その後、ホモ・エレクトス、つまり直立原人が登場します。彼らはわれわれ現生人類と同じホモ属に属します。そして、ついには現生人類ホモ・サピエンスが誕生するのです。現存するすべての人類はこのときに誕生した人類の子孫です。

ここで紹介した化石人類の出現の歴史は、正統派人類学による見解ですが、実はそのような順序は誤りであり、アウストラロピテクス属とホモ属は同時に進化したとする説もあります。私はその説こそが真実に近いと考えています。このことについては、第五章で、もう少し詳しく論じます。

いずれにしても、ここで重要なことは、**われわれ現生人類ホモ・サピエンスは、あるときある場所で進化（種分化）を遂げ、われわれすべての人々はその子孫であるという事実です。**つまり、この事実は、すべての人間には「種」として大きな遺伝的共通項が存在することを物語っているのです。人類の幸福と健康について考える自然史思想は一般論ですので、この事実がなければ、その基礎を失ってしまうことになります。

キリスト教・イスラム教・ユダヤ教と自然史思想は矛盾する

自然史思想はほとんどの宗教と矛盾することはありませんが、例外があります。厳密に言うと、キリスト教・イスラム教・ユダヤ教の絶対神とは矛盾してしまうのです。キリスト教・イスラム教・ユダヤ教自体が他の宗教と矛盾・対立した立場にあるのですから、それは当然の帰結でもあります。

キリスト教・イスラム教・ユダヤ教は他の宗教と比較して非常に特殊です。おそらく、歴史上、最も特殊な宗教でしょう。その特殊性は、宗教社会学者であるマックス・ウェーバーによると、マジカリティー（魔術性）を唯一の絶対神にのみ限定しているところにあります。そればかりではありません。キリスト教・イスラム教・ユダヤ教では、世界は人間のためだけに創造されたものです。つまり、人間にとって、自然環境は搾取すべき資源あるいは克服すべき対象にすぎません。このような思想が正しいのなら、残念ながら自然史思想は破綻してしまいます。

ウェーバーによると、現在の資本主義社会の成立にはキリスト教、特にプロテスタントの思想が大きく貢献しています。そして、ウェーバーの社会学を受け継ぐロバート・K・マートンによると、現在の科学、そして科学社会の成立も、その起源を同じくしています。

私は、現代社会の社会問題の根源が、資本主義の擡頭そのものにあると考えています。これについては、序章(1)で説明しました。少なくとも、列強の植民地戦略のために、数え切れないほどの民族・部族が滅亡しました。そして、その傷跡は南北問題や環境破壊問題やマイノリティーの主権問題などという解決不可能な問題群として永久に残されています。

ただ、ここで私はキリスト教・イスラム教・ユダヤ教を必ずしも悪であると言っているわけではありません。その発生はある程度避けられないものであったと思っています。このような現代社会の病因論については、第七章でさらに詳しく論じます。

余談ですが、資本主義社会では絶対に全員が幸福になれないことは、誰もが認識すべきでしょう。誰でもお金持ちになれば単純に誰でも幸福になれそうな気がするかもしれません。誰でもお金を持つことができるようにするには、紙幣をたくさん発行すればよいはずですが、これではインフレになって、紙幣の価値はまったくなくなります。持つ人と持たざる人がいて初めて資本主義社会は成り立つわけです。

これは国際情勢についても同様です。発展途上国のような搾取される国があって初めて日本のような資本主義的に「豊かな国」が成り立っていることを、われわれ日本人はもっと認識すべきではないでしょうか。すべての国が「持つ国」になるわけにはいきません。ですから、資本主義社会が続く限り、その格差はなくなりません。その格差がなくなるときは、資本主義社会が別の社会体制に置き換わるときです。

〈2〉 自然史思想の第二原理

進化と遺伝子の変化

ここまでで、人間も他の生物と同じように自然史のたまものであるという考え方が正しいことは受け入れてもらえたでしょうか。人間という生き物は、人工的に技術開発された結果として誕生したものではありません。自然の歴史の結果なのです。これは人間に限ったことではなく、すべての生物にあてはまることです。

もちろん、すべての生物は環境に影響されて進化したとはいっても、どのような環境に適応して進化したかは、それぞれの生物の種類によって異なります。それぞれ適応しようとした環境、あるいは棲み分けすべき環境が異なるから、地球上にはあらゆる環境に様々な種類の生物が生存するのです。例えば、いわゆる極限生物とよばれる生物は、非常に極端な環境に住んでいます。沸騰する温泉の中や真っ暗闇の深海底など、その多様性は人間の想像力をはるかに超えています。昨今は生物多様性の維持が世界的な関心事となっています。

ここで進化と呼んでいる現象は、その生物の遺伝子の変化の結果として起こったものです。このことは現代生物学では揺るぎない事実として受け止められています。これに対して、遺伝子はまったく変化しないのに別の環境に移ると形態を変える生物もいます。例えば、温度の違いで全く異なる色模様を呈する蝶はその代表例でしょう。このようなものは遺伝子の変化をともなっていませんから、進化とは呼びません。それは生理学的適応であり、遺伝子構造を変化させる適応（進化）ではありません。進化というのは遺伝子の変化をともなったものであることを強調するために、単に「進化」ではなく「**遺伝子進化**」という言い方をすることもあります。

人間が厳しい生活環境に文化的に適応して生活することや、現代的な食生活のために体型が変わってしまったことなどは、もちろん、進化ではありません。進化における遺伝子的適応と文化的適応はまったく違うものですから、はっきりと区別しなくてはなりません。このような点については、序章(2)を参照して下さい。

第二原理：最大の健康が得られる遺伝子適応環境

進化とは遺伝子の変化をともなうものであることに留意して、人間がサルと共通の祖先から誕生した、その瞬間について考えてみましょう。他のすべての生物と同じように、人間の祖先も「ある環境」に適応するように遺伝子構造を変化させました。この「ある環境」とは、人間の進化途上において「遺伝子の変化によって適応しようとした環境」です。遺伝子の変化のメカニズムは何であれ構いません。このような環境を、進化における人間の「**遺伝子適応環境**」あるいは簡単に「**適応環境**」と呼ぶことにします。そして、人間は、この遺伝子適応環境において最大の力を発揮するように心、精神、身体、細胞、そして遺伝子にいたるまですべてつくられていると考えることができます。実は、これは遺伝子進化の定義そのものであり、すべての生物にあてはまる一般的真理です。

このことをもう少し具体的に考えてみましょう。人間は少なくとも現在では、地球上にしか住むことはできません。他の星ではだめです。地球に非常に類似した星なら、可能性はあるかもしれませんが、現在のところ、非現実的です。また、宇宙ステーションでの生活も、大変厳しいものであることが予想されます。宇宙ステーションでは地球上での生活をできるだけ模倣した環境が整えられるのでしょうが、やはり、生物多様性の問題、重力の問題、宇宙線の問題などは根源的には解決できないでしょう。短期滞在は可能でしょうが、長期滞在では廃人になることは容易に予想されます。現在では、宇宙飛行士には強壮な人が選抜されます。彼らは厳しい訓練を受け、さらに、無重力での体力の衰えを補うために、毎日のトレーニングを欠かしません。それでも、長期滞在した宇宙飛行士は、大変体力が衰えた状態で帰還するのです。ひどい場合には、帰還直後は自力で歩くこともできません。このように、最先端の技術と優秀な人材をもってしても健康を大きく害するような環境、それが地球外の環境です。地球外で健康を害する理由は、人間が地球環境のもとで進化してきたからです。

では、この論理をさらにおしすすめてみましょう。人間は地球上ならどこでも暮らしていけるわけではありません。もちろん、科学技術を駆使すれば、ある程度地球上のどこにおいても生活することはできるでしょうが、科学技術を使用しない場合は、その生存範囲はかなり狭められます。海の底ではだめですし、砂漠でもだめです。熱帯でもいいですが、できれば温暖な場所にこしたことはありません。つまり、ある限られた環境においてのみ、人間は気持ちよく生活できることに気付きます。

そのような技術的な援助なしでも快適に生活できる環境について考えてみると、生身の人間は意外と狭い範囲だけに適していることがわかります。言い換えると、地球の特定の環境が人間の遺伝子に最も適していることになります。そして、この考え方をもっと突き詰めると、人間の進化の過程で経験してきた「ある特定の環境」こそ、人間に最も適していると考えられます。これこそ、人間の遺伝子適応環境です。

ですから、その適応環境から逸脱した生活をしていては、宇宙船の中の人間のように、身体や心に企み（つまりストレス）が生じるため、どのように努力しても真の幸福や満足はありえません。

そして、理想的な幸福を得るには、遺伝子進化の適応環境に戻ること、あるいはそれを模倣することが必要です。人間が進化の過程で体験してきたその適応環境こそ、人間にとって真に自然、つまり自然史的なものなのです。遺伝子適応環境は「自然史的な環境」とも言えます。そして、そのような環境に住んでいた人々を**自然史人**と呼びます。

このように考えていくと、現代の都会という環境に住む人々は、まるで別の星につれていかれた地球人あるいは宇宙へ放り出された人のようなものだと思われます。都会は人工的なものばかりです。進化の途上で遺伝子が期待した環境ではありません。人間の遺伝子がそのような環境には適していないのですから、心身ともに住みにくいと感じる人が多いのは当り前です。たとえ、社会的な理由で住みやすいと感じている人でも、その人の健康は確実に蝕まれているのです。

ですから、多くの人が休暇に登山やピクニックを通して自然を楽しむことは理由のないことではないのです。それは、少しでも遺伝子適応環境に近づいてリラックスしようという直感的な行動だと解釈できます。

この「**人間は進化の結果としてある遺伝子適応環境に最も適応している**」という原理は自然史思想の根幹をなすものです。そして、これは「人間は進化のたまもの」という第一原理の次に重要なものです。そこで、これを**自然史思想の第二原理**と呼ぶことにします。自然史思想はすべて、この二つの原理から出発します。

適応環境と自然史人は過去に存在した

ここまでで紹介してきた自然史思想の第一原理および第二原理は、今後どのような科学的発見や新しい思想が展開されようとも、永遠の真理として成り立ちます。これは机上の空論ではなく、実際に過去に起こったことであることをここで強調しておきます。

つまり、**遺伝子適応環境において自然史人が平和に、健康に、そして幸福に暮らしていた世界が、過去にこの地上のどこかに実際に出現した**のです。空想上の世界ではありません。現存した世界です。これはヒトにとってまったくのユートピアであったことでしょう。もちろん、他の野生動物や不慮の事故による危険性などは伴いますが、基本的にはこれはユートピアだったはずです。

そして、自然史思想は、このユートピアの再現を追求する思想です。それがどのような環境であったかについては、後の章に譲ります。

遺伝子適応環境とストレス

遺伝子がそのストレスを予想すべく進化してきたのなら、そのストレスはある程度快感に変わってくるはずです。例えば、直立二足歩行をすることはヒトの祖先にはストレス以外の何ものでもなかったでしょう。しかし、ひとたびヒトが進化したら、直立二足歩行は楽ですが、四足歩行のほうが非常にストレスがかかってしまいます。私たち人間にとっては四足歩行はたいへん不便で苦痛です。このように、遺伝的に適応してしまえば、適応後にはストレスにはなりません。

ですから、理想的な自然史的な適応環境においては、ストレスは非常に少ないことが想像されます。適応環境において自然史に沿って生まれ育った人にとっては、その適応環境に生活する限り、ストレスは最小限であるはずです。逆に、現代社会がストレス社会と呼ばれていることは、現代社会が人類の適応環境から遠いことを示していることにもなります。

現代医学では、やっとストレスへの対処が患者にとって重要であることが認識されてきてい

ストレス度（人工度）＝１－自然史度

（ただし、0≦ストレス度≦1　および　0≦自然史度≦1）

ます。けれども、ストレスの定義となると、現代医学では非常に曖昧なものです。どの刺激をストレスと感じるかは、その社会や個人の主観を大きく反映していますから。

一方、自然史の思想から考えると、**ストレス**を一般的にはっきりと定義することが可能です。ストレスとは、人間が遺伝子適応環境から離れた別の環境に暮らしたときに受ける環境の差であるといえます。もっとわかりやすく、ストレスの指標を**ストレス度**として考えてみましょう。「ストレス度」は、「人工度」と同一のものであると定義できます。裏を返せば、「ストレス度」や「人工度」は、以前に紹介した「自然度」（正確には自然史度）の対義語であると考えることができます。簡単な数式にすると、上記のようになります。

ここで、自然史度1とは、ストレスがゼロの状態であり、適応環境を意味します。自然史の思想は自然度の判断基準になることは、以前にも述べた通りですから、ストレス度あるいは人工度の判断基準にもなるわけです。もちろん、この定義は一般的なもので、個人個人のストレスを考える場合には各論を持ち出さなければなりません。

この自然史的な遺伝子適応環境を現在までに知られている情報を結集してできるだけ正確に再現することこそ、この本の目的なのです。そのときはじめて、ストレスが少ない人類の理想の生活像が浮かび上がってくるからです。

もちろん、現代の生活に染まっている私たちが、急に理想の適応環境に引っ越しても、適応できずに、逆にストレスが溜まって仕方がないでしょう。このことは、現代の私たちがいかに人工的な世界に頼って暮らしているかということの裏返しでもあります。私たちは、現代社会のストレスから逃れられない運命にあるのかもしれません。

しかし、徐々に適応環境に近い生活に馴染んでいく努力をすることはまだまだ可能なはずです。理想がなければ進んでいく方向さえわからないことになってしまいかねません。ですから、遺伝子適応環境とそのなかでの人類の生態の解明こそが急務となります。

人類の適応環境は「暖かい緑豊かな海辺」

では、人類の適応環境としてどのような場所を思い浮かべればよいのでしょうか。実は人類の進化した場所は、「暖かい緑豊かな海辺」であることが、比較生理学の研究から判明しています。「**アクア説**」とよばれるこの学説は、人類の起源に関して現在最も説得力のある学説で、今後大きく普及することと思われます。アクア説については後の章に譲ります。ただし、残念ながら、人類が進化した場所の環境は、その後の地球規模の気候変動によって大きく変わってしまっています。ですから、その場所の自然環境に近い「暖かい緑豊かな海辺」を現在の地球上に求めるとすれば、別の地域について考えてみなければなりません。

私は個人的には、日本はかなり適応環境に近い環境を提供してくれていると思っています。もちろん、人類が日本付近を起源として発生したのではないのですが、かなりそれに近い環境と思われるのです。例えば、沖縄・八重山諸島や伊豆地方などは、豊かな水源に恵まれ、海岸まで山々が迫り、魚介類が豊富で美しい磯辺と砂浜が広がっています。気温も一年を通して比較的温暖です。そのような場所でこそ、人々がストレスの少ない生活を送ることができるのです。それを裏付けるかのごとく、そのような場所には世界的な長寿村があります。また、長期休暇を利用して多くの人々がこのような「リゾート地」を訪れることもそれを裏付けているのではないでしょうか。

いずれにしても、そのような適応環境で人類がどのような暮らしを送っていたか、その情報を元にして、人類の幸福のための条件を検討することができるはずです。

第三章　適応環境における人類の精神構造(1)

脳の機能と自然史文化

適応環境の人類がどのような生活を送っていたか、そこに人類の幸福のための条件が隠されているはずです。適応環境は過去に存在したユートピアですから。この章では、適応環境における人類の精神世界の構造を探ります。

〈1〉 脳と自然史文化

適応環境と脳の発達

われわれホモ・サピエンスの祖先は、遺伝子の変化によって環境に適応し、多くの生物が行ったように身体を変化させてきました。直立二足歩行、前足から手への変化、体毛の消失などが起こりました。それと同時に、他の動物と比較して、顕著に発達した部分があります。脳の発達です。これは人間において特にみられる特徴ですが、脳の発達した他の動物、つまりイルカなどの海に棲む哺乳類、他の霊長類や一部の鳥などでも見られることです。

言うまでもなく、文化の発達は脳の発達に直接関係があります。現代社会の文化といえば、ほとんど人工的なものです。ですから、現代の文化の自然度は大変低いわけです。しかし、一見すると、現在の非常に人工的な社会でも脳はその理性的・論理的な機能においては、十分機能しているように思われてしまいがちです。人間は様々な機械をつくりだし、それをうまく使いこなしていることはみなさん周知の通りです。このように、人間の脳は適応環境以外でもよく使えるように見えます。

ここに一つの大きな疑問が出てきます。私はここまでで、人間は心も身体も自然史に沿った世界で最もよく機能すると断言してきました。自然史思想の第二原理です。けれども、ストレス社会とはいえ、人間の脳は現代社会でもよく機能しているようにみえるではありませんか。では、脳にとって、つまり人間の行動や思考にとって、自然史は意味がないのでしょうか。自然史の思想が当てはまるのは、脳を除いた身体の機能だけなのでしょうか。脳は現代のような理性的・論理的な機能を遂行し、そのような文明の発達を予測するかのように、進化してきたのでしょうか。

いや、そんなことはあるはずがありません。現代の進化生物学が正しいのであれば、祖先種から新種が進化（種分化）するためには、新環境における自然選択が必須です。未来の環境から自然選択を受けることは不可能です。進化は先を見通すことはできません。そして、現代文明は進化を許容するほどの世代時間を与えてはいません。

もちろん、脳を適応環境以外の環境に文化的に適応するために使うことはできます。それが現在の状態です。しかし、それは単なる結果論にすぎません。現代の進化生物学を学べば、そもそも人間は適応環境以外の環境のために脳を進化させたわけではないことは自明です。人類の脳の進化の際に「現代のような社会」が過去に存在しており、その社会に合わせて種分化したというのなら話は別ですが、それはまったくのナンセンスです。

現生人類はおそらくアフリカで生まれ、その適応環境のもとで、脳を発達させました。その後に、人類は世界中に移動したといわれています。つまり、われわれの脳は、アフリカかどこかの「野蛮な」あるいは「自然な」環境で進化したことに疑いの余地はありません。そして、人類が生まれたときの適応環境こそ、遺伝子にとっても、身体のすべての部分にとっても、そして脳の機能にも、最も適した環境なのです。

脳は自然とのコミュニケーションのために進化した

では、人間の大脳（特に新皮質）はどのような「意図を持って」進化してきたのでしょうか。その答は意外と簡単です。適応環境という自然の中で生まれた限り、**人間は適応環境という自然と有効に交流するために脳を発達させた**と考えられます。「自然を感じるため」といってもいいでしょう。言い換えると、脳の機能も適応環境で最大の力を発揮するということです。ヒトが進化したばかりの時には適応環境以外にほとんど対象はないのですから、これは当然のことです。ヒトという新種への進化の原動力が新環境としての適応環境である限り、現代進化生物学から導かれる当然の帰結なのです。そして、これは自然史思想の第二原理の応用にすぎないことは明らかです。

この「自然と交流する、自然を感じるため」というのはちょっと曖昧な表現ですが、後にまた説明します。

逆にいうと、人間の脳は現代文明の下でよい成績を上げて有名大学に入るために発達したのではないのです。人間は他のすべての動物と同じように、自然と会話するために脳を発達させたのです。

現在でも、正統なハーバリスト（ハーバリズムの実践者）は植物と会話ができると主張してはばかりません。アメリカ原住民をはじめ、多くの原住民が、自然と会話できることを当然としています。「会話できる」というのはある意味では比喩ですが、まさに「会話できる」という表現がぴったりのレベルに達したコミュニケーションであると私は信じています。

個人的な話になりますが、私も非常に低いレベルでは自然界と会話ができていました。かなり幼いときです。それが、学問の世界に入り、科学的・論理的な思考を深めるほど、会話ができなくなってしまいました。けれども、最近再びそのセンスを取り戻しつつあります。自然史思想のおかげで、論理の求めるものは感性であることが明確となり、わだかまりが消え去ったからです。深い科学や論理そのものは人間的ではないことが、論理的にわかってしまったからです。

「自然を感じるため」というのは、現代風に「自然を利用するため」と言い換えられないとも限りません。自然の利用というと、ちょっと現代科学技術を連想するので、あまり好きな表現ではありません。「自然の利用」はあくまでもその環境の範囲の中で行われなければ意味がありません。

脳の発達と自然史文化

これまでみてきたように、脳の発達も適応環境によって影響を受けたため、脳自体もそのような環境で最大限に機能を発揮することがわかりました。脳の発達した人間はこのようにして独自の文化を形成してゆきます。自然界との会話の過程として。このような会話が頻繁に行われてきた時代は、教科書的に言うと、人類の誕生の瞬間から石器時代に対応するものと考えて大きく間違ってはいません。非常に初期の原始農耕時代も加えてもよいかもしれません。日本の歴史でいうと、縄文時代までに相当します。

この時代にはレベルの低い野蛮な文化しかなかったと思っている人が多いことでしょう。あるいは、この時代にはまったく文化はなかったと考えている人もいることでしょう。確かに現代の主流の文化だけしか知らない現代人の感覚からすれば、原始時代に文化があったとするのは納得いかないかもしれません。テレビや電話はもちろん、貨幣の使用も大規模な農業も鉛筆もマッチも、何もなかったのですから。

実は、彼らは現代人とまったく異なった文化を持っていたのです。それは「原始的」かもしれませんが、環境に適応するという意味では「未発達」ではなく、かなり洗練された文化を持っていたと考えられます。環境を最大限に生かす文化です。これを私は**自然史文化**と呼んでいます（厳密には、その対象とする環境が「遺伝子適応環境」ではないため、半自然史文化ですが）。自然史文化は脳の発達の直接の延長上に作られたもので、やさしくいうと「脳の発達の目的」あるいは「脳の意図したもの」に則した文化だと位置付けることもできます（もちろん、脳が進化の途上で目的や意図を持っていたわけはありませんから、これは比喩ですが、そのように考えるとわかりやすいのです。進化自体には目的がないことを再度確認しておきます）。自然史文化の対極にあるものを社会史文化と呼んで区別しています。

自然史文化が脳の発達の直接の延長上に作られたものであることは、進化の過程を考えてみれば納得できます。人間の遺伝子適応環境は「ある一つの環境」です。その環境において脳が発達する理由があったということは、その環境の詳細な把握こそ、人類の生存に必要であったということです。ですから、脳の発達にともなって適応環境において生まれてきた文化は、自然史に沿った文化なのです。

余談ですが、哺乳類の脳の進化は、概して嗅覚系を中心に行われてきました。それは、食物探索において絶対的に必要だからです。いわゆる「前脳進化」です。ヒトの食物探索には、嗅覚系だけでなく、視覚系が重要な役割を果たしますが、雑食性のヒトにとっては、食物を得るために適応環境をできるだけ把握しておくことが必須であったに違いありません。脳の発達の根源的な火付け役は、食物の探索であったと考えられます。自然史状態における人類の食事を自然史食事学としてすでに考察しましたが、特に食事を取り上げた理由は、食事がヒトの生態の根源的な位置を占めているためでもあります。

自然史文化は個人中心

では、自然史文化とはどのようなものでしょうか。現代の文化はほぼすべて資本主義社会の存在を前提としています。本を書いても、音楽をつくっても、農作物をつくっても、それを流通させて利潤を得なければ生活は成り立ちません。個人は社会の歯車の一つとして機能するわけです。

これとは対照的に、自然史文化は**個人中心主義**です。ほぼすべての自然史文化は個人の生存と幸福を最大限に活性化させることを目的としています。これは言ってみれば、当然のことです。資本主義社会も経済流通システムも、何も発達していなかったのですから。個人中心主義については、次章でもう一度論じます。

自然史文化とは、具体的には、どのような動物や植物が食用に適しているか、そのような食物はどのような方法でどこにいつ行けば得られるか、どのような病気にはどのような薬草（ハーブ）が効くか、どのようにして天候を予測するか、どのようにして土器や石器を作るか、壁画はどのようにして描くか、彫刻はどのようにして作るか、出産のときはどうするか、幼児や子どものケアはどうするか、海や川ではどのようにして泳ぎ、どのようにして食べ物を探し、収穫するか、様々な事柄を言葉でどのように表現するか、宇宙はどのように構成されているか、人間の宇宙における位置はどのようなものなのか、などなどです。一言で表現すると、自然と人間の関係において自分という存在をどうとらえるかということになります。ここに挙げたどれ一つとっても、現代社会に住む人は知らないことばかりです。しかし、どの「自然史人」でも、おそらくすべて知っていました。そのような文化が自然史文化です。実は自然史文化はここに挙げただけのものだけではなく、その背後にはまだまだ驚くようなパワーが隠されていますが、それについては後述します。

進化とは集団の遺伝子の変化を基礎とするものだと述べました。いったん適応環境にあわせて集団の遺伝子が進化してしまえば、その環境でこそ遺伝子の力はいかんなく発揮されるはずです。その過程で形成されたのが自然史文化です。

自然を感じる能力と社会化

ここまでで、脳も適応環境という自然の中で最もよく機能しうるものだと述べてきました。その中で繰り広げられる自然史文化こそ、脳が達成しようとした文化であり、その中でこそ最も効率よく機能するのです。けれども、多くの人は「そうかな?」と疑問に思ったに違いありません。現代の社会で「頭が良い」と言われている人たちの「頭」は、自然史文化とはまったくかけ離れた現代社会の中で、すごくよく機能しているではないかと。その反対に、自然の中ではほとんど頭は使わないのではないかと。

人類が誕生して間もなくのころ、原始の人類が現代的な意味で「頭」を使っていたなんて、まったく考えられません。机や本に向かって勉強することはありませんでした。では、彼らは頭をまったく使わなかったのでしょうか。彼らはほんとうに野蛮な白痴だったのでしょうか。

もちろん、現代の意味では頭をまったく使わなかったといってもよいでしょう。しかし、自然史文化では、それとはまったく別の方向に頭を使っていたのです。それは、以前にも述べたように、「自然を感じるため」「自然と会話するため」です。これはもちろん、五感によって自然を感じることなのですが、現在普通の意味でいう「感じる」以上のものです。いわゆる霊能力あるいは超能力さえ含むものです。

科学に染まっている人は信じないかもしれませんが、アメリカ原住民が天候を予言したり、どのハーブがどの病気に効くか直感的に当てたり、動物の気配を感じたり、草木の力を感じたりできることは有名です。これは、完全にマジカルな（魔法・魔術的な）世界です。このマジカルな世界でこそ、人間の脳は最大限に力を発揮できるようになっているのです。人間以外の動物にもこのような力がかなり備わっていると考えられますから、人間もそれと同じ方向で脳を進化させたと思われます。

このような能力を現在では「霊能力」や「超能力」などと、多少の驚きと軽蔑を含んだ言葉で表現しています。けれども、そこまで「霊」や「超」である必要もありません。実は日常でもそのようなことは頻繁に起こっています。そのような能力は脳の最も得意とする本当の能力であって、大学に入る能力こそ、人為的で最も不得意とする能力になってしまいます。その証拠に、大学に入るには大いに訓練が必要ですが、いわゆる自然を感じるための能力は、大人よりも社会化されていない子どものほうがずっと強いことが挙げられます。

そして、子どもは社会化されることによって、人間の自然史的な能力を失っていくのです。現代においては子どもの自然史的な能力を軽視し、社会的教育によって抑えようとしますが、人類の脳が「目指した」適応環境には、いわゆる「社会教育」はほとんどありませんでした。適応環境では、子どもの能力は十分に発揮されたはずです。

イリイチという社会思想家は、同じような結論に達しています。イリイチは、人には生まれながらにして自力で生きていく学習能力が備わっていると断言します。ところが、そのような子どもたちを学校へ送り込むことによって、生来の学習能力を奪うというのです。これを学校化と呼びます。学校では、学ぶべきことが他人から与えられるため、盲目的に従順な態度だけが身についてしまうわけです。学校へ行けば行くほど、社会の歯車となる受動的な人間が生産されてしまうのです。学校化という概念は、現代の無意味な学校教育に対して警告を発しています。

自然史状態における教育について論じるには、自然史教育学が必要となってきます。その話題はこの本の内容を超えてしまうので、ここでは立ち入らないことにします。

〈2〉 論理とマジック

脳は論理的思考のためにあるのではない

ここで、少し話を現代科学に向けてみましょう。現代の大脳生理学では、人間の脳をどのようにみているのでしょうか。私は「自然と交流するため」に脳が発達したと述べましたが、この見解は、現代の大脳生理学と一致するのでしょうか。

人間の脳はおおまかにいって左石対称になっています。最も原始的な脳といわれる嗅覚刺激を直接受け取る「嗅球《きゆうきゆう》」という部分は、現在ではその機能解析が分子レベルで最も進んだ部分だといってよいでしょう。少なくともこの嗅球では、形だけでなく、分子レベルでも、その機能は左右対称であることがわかっています。

けれども、基本的には左右対称にみえる脳も、大脳新皮質では、ある程度の機能分担が行われています。大脳新皮質とは、特に霊長類で発達している大脳の表面の部分です。この部分はもっと「下等な」動物では発達が悪いため、大脳新皮質にこそ、人間らしさが宿っていると信じられています。ですから、大脳新皮質をハイテク機器を使って集中的に研究する人々がかなりいるわけです。簡単にいうと、これが大脳生理学です。

現在の「進歩した」大脳生理学によると、右脳と左脳はそれぞれ違った機能が極在していると言われています。右脳にはイメージや直観、感性、空間把握、左脳には論理、言語、知性を処理する機能があるとされています。現代は左脳を偏重する社会ですから、そのような「科学的」議論をもとにして、「右脳学習法」などが提唱されたりしていますが、聞いたことがある方も多いのではないでしょうか。

では、左脳は論理的・知性的なことばかりで他のことはしないのでしょうか。あるいは、この「論理的」というとき、どの程度の論理を指しているのでしょうか。哲学者や科学者のレベルでしょうか。それとも、日常生活のレベルでしょうか。

最初にこの「論理」のレベルが哲学者や科学者のレベルだと仮定してみます。そうすると、どうしてもしっくりしないことが出てきます。例えばの話ですが、ネズミが論理的に哲学者並みに「考える」とはまったく想像もつきません。第一、深い哲学的な論理的思考は、言葉によって大いに助けられます。複雑な言葉を持たないネズミに複雑な論理的思考ができるわけはありません。けれども、彼らの左脳は右脳と同じくらい発達しています。ネズミばかりではありません。サルでも哲学者並みの論理的思考はほとんどできません。いや、ほとんどの人間にはできません。学問的に訓練された人にのみ、良かれ悪しかれ、深い論理的思考が宿ります。つまり、哲学者や科学者にしても、論理的思考は自然に身についたわけではなく、長い辛い訓練によってできるようになったことなのです。

ですから、左脳が「論理に使われる」ことが哺乳類に一般的であるのなら、この「論理」は大したものではなく、非常に低レベルのことでなければなりません。そうでなければ、左脳は哲学者でのみ発達していなければならないのですから。左脳に論理性が宿るというときの「論理」という言葉の意味するところは、もしこの主張が正しいのなら、何時だからもう昼ご飯の時間だとか、夜だから寝ようといった非常にレベルの低い論理だと思っていいでしょう。ですから、左脳が論理に使われるといっても、それは右脳に比べると多少そういう傾向があるといった類のものでしかないのです。それは、訓練するとそのような場所が活性化される傾向にあるということ以外、何も意味しません。その部分が学問によって訓練されない人はその部分をまったく使わないのかというと、そうではありません。別の機能として使っている可能性が大なのです。

ここで大脳の機能局在論をわざわざ持ち出してきたのには、意味があります。私は「人間の脳は自然を感じるためのもの」であると述べてきました。大脳生理学を多少ともかじった人は、こう反論するかもしれないからです。「人間の脳は論理的な思考のために進化してきたのだ。論理や知性こそが、人間を人間たらしめるものだからだ。その証拠に左脳は論理的なことを処理するために発達しているのだから」。

郵便はがき

料金受取人払

本郷局承認

45

差出有効期間
2007年3月
31日まで
郵便切手は
いりません

113-8790

（受取人）
東京都文京区本郷
二-二七-五
ツイン壱岐坂1F

117

緑風出版 行

ご氏名

ご住所 〒

☎ （ ） E-Mail:

ご職業/学校

本書をどのような方法でお知りになりましたか。

1.新聞・雑誌広告（新聞雑誌名 ）
2.書評（掲載紙・誌名 ）
3.書店の店頭（書店名 ）
4.人の紹介 5.その他（ ）

ご購入書名

ご購入書店名 所在地

ご購読新聞・雑誌名

このカードを送ったことが 有・

取次店番線
（この欄は小社で記入します。）

ご指定書店名

同書店所在地

書名	定価	円
ご注文冊数		冊

ご氏名

ご住所

☎

購入申込書

小社刊行図書を迅速確実にご入手いただくために、このハガキをご利用下さい。
ご指定の書店あるいは直接お送りいたします。直接送本の場合、送料は一律一六〇円です。

読者通信

今回のご購入書名

ご購読ありがとうございました。

◎本書についてのご感想をお聞かせ下さい。

◎本書の誤植・造本・デザイン・定価等でお気付きの点をご指摘下さい。

◎小社刊行図書ですでにご購入されたものの書名をお書き下さい。

このハガキの個人情報は、弊社の本及び目録の案内、発送のみに使用し、個人情報保護法に基づき第三者に漏れないよう、厳重に管理致します。

いったい、論理とは何でしょうか。論理とは、人間が「原因と結果」と勝手に決めたものにすぎません。あなたの行動は論理的でしょうか。あなたは本当に論理的に考えたことがありますか。自信を持って「はい」と答えられる人は本当に少ないはずです。私も、哲学者・科学者並みに論理的な思考をすることはめったになく、科学に携わるときか、このような本に携わるときしかありません。それ以外のときは、ほとんど論理的な思考はしません。

ですから、論理や知性が「人間を人間たらしめる」のではありません。論理や知性は「哲学者や科学者を哲学者や科学者たらしめる」ものであると書き換えられなくてはなりません。そして、哲学者や科学者は人間を代表する人たちではありません。むしろ、非常に特殊な人たちです。さらに、社会全体としても、人類の社会の歴史を通してみても、人類の行動はとても論理的だとはいえません。非論理的な戦争や略奪の歴史なのですから。

ですから、たとえ、大脳のある部分が比較的論理のために使われる部分だとしても、「脳は自然を感じるためのもの」という理論は少しも弊害を受けません。いわゆる原始的なレベルの論理、例えば、「雨が降ったから木の陰で雨宿りをしよう」などは、論理というにはおこがましいくらいですが、もし「左脳の論理」があるとすれば、このようなレベルの論理でしょう。これなら、ネズミでもサルでも、他の動物でも反射的に行います。

このように、哲学者や科学者の脳が論理的思考をできるといっても、本当は人間の脳もそんなに難しい話は得意ではないのです。やはり人間の脳は自然を感じるために進化し、自然を感じることが最も得意であることには変わりありません。面白いことに、論理的思考が得意な人たちは、自然を感じることがまったくできなくなってしまうことが多く、このような人たちはちょっとした異常であるといってもよいのではないでしょうか。このことは、私自身が体験してきたことでもあります。

西洋哲学の誤り

前の項でも議論しましたが、脳の機能はしばしば生理学的・解剖学的に論じられます。脳の生理学・解剖学から考えると、人間の脳は大脳新皮質という部分が非常によく発達しており、それが「人間の人間たる由縁」であると一般に信じられていることも紹介しました。西洋人に代表される現代人は「人間の人間たる由縁」は「合理的に考えること」「論理を展開すること」であると信じて疑いません。

フランスの哲学者デカルトの「われ思うゆえにわれあり」という言葉は有名です。社会の時間に習いますから、知っている人が多いでしょう。この言葉は「私が私である理由」つまり「人間の人間たる由縁」は「考えること」つまり「合理的に考えること」「論理を展開すること」であるといっているのです。これは西洋人が広く信じている言葉です。ですから、「人間の人間たる由縁」＝「合理的に考えること」＝大脳新皮質というイメージが成り立ってしまい、大脳新皮質は論理的思考の場所であるということになってしまいます。

自然史思想をよく理解してくれている方なら、もう気付いているかもしれませんが、このデカルトの言葉は間違っています。「人間の人間たる由縁」は「合理的に考えること」ではなく、「自然を感じること」なのです。

合理的・論理的に考えるなどといった活動は原始・未開民族にはほとんどみられません。それは西洋のキリスト教社会における一部の哲学者や科学者にのみみられる特殊な行動なのです。そのような特殊な行動へ向かって脳が進化したわけはありません。少なくとも進化生物学の教えるところでは、それは不可能です。

ですから、デカルトの言葉は「われ感じるゆえにわれあり」と修正されるべきです。デカルトを多少弁護すれば、本当はデカルトはそれを意味したかったのではないかと思われる節もあります。大脳新皮質は自然を感じるために進化してきたのです。

その証拠に、われわれ人間はほとんど論理的思考をしませんし、西洋においてすら、科学者や哲学者くらいしか論理的思考をしません。人間はもっと感情・感覚・直観によって行動しているのです。

さらに、人間と比較できるくらい、あるいはそれ以上に大脳新皮質を発達させている動物も存在することを指摘しておきます。例えば、イルカやチンパンジーですが、彼らもほとんど論理的思考はしません。するとしても、それは直観的なレベルのものだけです。

科学と霊能力・超能力

「自然を感じる」ということで、霊能力・超能力の話が出てしまいました。少し本筋から離れますが、ここで霊能力・超能力の話をする際に注意しなければならない点を以下に指摘しておく必要があるでしょう。

霊能力・超能力の存在を完全に現代科学的・客観的に証明することは不可能です。現代科学は、誰にでも見える（つまり客観的な）存在かつ誰が何度実験しても同じ結果を再現できる現象についてのみ議論することができます。この客観性・再現性を欠く自然現象は現代科学では分析の対象にはなりません。

ですから、霊能力・超能力にまつわる現象については科学は肯定的な意見を持つことはできないことになります。そのような現象は非常に個人的な体験に基づくことが多く（主観的）、何度も同じことが再現できるわけではありません（一時的）。

科学では肯定できないといっても、そのような現象は科学の対象外なのですから、科学では否定もできません。

科学の対象外あるいは証明がまったくできない現象であっても誰もが存在を認めるものは、科学の対象となる現象よりも多いと思われます。生命の存在理由、日常的な個人的感情や体験、人間の歴史、複雑な社会システムの全体像、宇宙の外の宇宙など、科学ではつかみきれない現象はかなり多いのです。霊的・超自然的現象を否定する科学者ですら、そのような自分の存在を現代科学的に証明することはできません。霊能力・超能力にまつわる現象も、科学の対象外の現象の一つです。

したがって、科学者は興味がないのなら中立な立場を保つべきです。超能力や霊能力に興味がある人がそれを信じても、科学者にはそれを否定するデータや権利などまったくないのですから。科学では何もできないのですから、信じるかどうかは完全に個人の自由です（たとえ、科学が何について何と言おうとも信じるかどうかは完全に個人の自由ですが）。

私は個人的には、霊能力・超能力が客体に働きかけることによって、日常をも変えることができることを信じています。

客体への働きかけとは、簡単に言うと、強い願望や感情によって現実そのものを変えてしまうことです。「思えば成る」ということですね。最もよい例が心理学で使われる自己暗示です。極端な例では、天候の操作などにみられます。

このような客体への働きかけには限界はありますが、多くの人々によって、その存在が信じられてきましたし、現代人でもそうだと思います。シェルドレイクの昨今の著作『生命のニューサイエンス』（工作舎）には、そのような現象を科学的に取り扱う試みが展開されており、ある程度の成功を修めているようです。

マジカルな世界は主観として存在する

霊能力や超能力の存在を主張している人々は頭がおかしいかごまかしているだけだと信じている人も多いことでしょう。それでも、そのような「霊能力・超能力は人間の脳が進化の過程で獲得した重要な能力である」とする考えは決して否定されるものではありません。なぜなら、未開・原始の人々はもちろん、現在の日本をはじめとした社会においてさえも、自分は霊能力・超能力を持っていると信じ、その力に任せて人生を送っている人はかなりの数にのぼっているからです。

これは大変重要なことです。霊能力や超能力自体を客観的に分析はできないとしても、霊能力や超能力を持っていると信じている人がどのくらいいるかということは客観的に調べることができるからです。実際、未開人だけでなく現代人でもかなり多くの人はそのようなものを心から信じて疑いません。

「多くの人が自分の霊能力・超能力を信じている」という宗教人類学の業績は疑いようのない事実なのです。彼らはごまかしているわけではありません。特に未開民族では、お金のためにごまかすという動機も、テレビで有名になるためにごまかすという動機も、私利私欲は何もないのですから。さらに霊能力・超能力をあまり持っていない人たちでさえも、ほとんどの人が霊的なものを肯定して生きています。日本人はいまでも祖先の供養を忘れません。正月には神社に参拝に行きます。仏壇をたたき壊したら何か罰があたると思うことでしょう。霊的なものを完全に否定的に考えているのは洗脳された科学者たちくらいではないでしょうか。

ですから、たとえ、多くの人々が信じている霊的なものが科学的・客観的なものでなくても、「多くの人々が信じている」というこの事実こそ、自然史的に最も重要なことなのです。つまり、マジカルな世界は人々の主観として存在しているのです。しかも、霊的なものへの確信は未開な文化ほど強くなります。このような霊的信条は自然史に沿ったものであることは、間違いありません。

論理とマジックの接点

このような話を「現代科学」を職業としている私が持ち出すのは、実は非常に勇気がいることです。なぜかというと、科学者たちは、超能力などを感情的に受け付けないので、私は白い目で見られることになるのです。それだけならいいのですが、職場を追われないとも限りません。

けれども、そのような科学者たちは、普通の人間の心を失っている人たちです。祖先の供養のための墓参りなども馬鹿らしいと思っている人たちです。その一方で、パラサイコロジー（超常現象を対象とする学問分野）やハーバリズム（ハーブ〔薬草とは限らない〕を生活の中心に据えた概念や行動様式）などを勉強したことはまったくなく、ただ感情的にマジカルなものを受け付けないだけです。

歴史上最大の社会学者マックス・ウェーバーによると、現代科学と現代社会はマジカリティー（魔術性）を排除したことにその特徴があるのですから、特に西洋ではこの態度は必然的なものではあります。キリスト教はマジカリティーを徹底的に排除し、唯一キリスト教の「絶対神」にのみマジカリティーを認めました。これが西洋社会の大きな特徴となっています。このことについては序章(1)でも紹介しましたが、以後の章でも再検討します。

しかし、日本人には、たとえ科学者でもこのような極端なまで霊的なものを否定する態度を持っている人はまだまだ少ないと私は信じています。お盆には帰省してちゃんと墓参りする人がほとんどですから。科学者もやはり、自然史の結果として生まれてきた人間の心（少なくとも遺伝子）を持っているのですから。こう考えると、ほっとさせられます。そして、そのような人たちでさえ、マジカルな経験は必ずしたことがあるはずです。自然史の思想によると、脳はそのようにつくられているのですから。

実は一流の科学には鋭い直観が必要です。科学における偶然性や直観的な判断などは非常にマジカルなものです。実際、ニュートンやパウリをはじめ、アインシュタイン、シュレーディンガー、ハイゼンベルグ、日本では湯川秀樹など、歴史的に優れた科学者は「超能力」という言い方はしなくても、そのような説明できない直観（つまりマジカルなもの）が科学において重要な働きをしていることを認めています。いや、認めているどころではありません。それが研究に必須のであるとさえ述べているのです。実際に現代物理学の巨人といわれる人たちはすべて、神秘主義者でした。

私も、優秀な科学者は、論理的思考と同時に直観の鋭い人、つまり論理とマジックを同居させることができる人だと信じています。これは確かにやさしいことではありません。普通は論理が強くなると、マジカリティーは弱くなりますから。けれども、論理とマジックは科学と宗教と同じように、一見対立するものですが、論理を究極的に進めていくと、マジックに通じるものがあるはずだということを、現代物理学の巨人たちは示してくれているように思います。

自然史思想も論理です。しかし、その到達したものは、非論理的なマジカルな世界です。このことは、自然史思想が究極的なものであることを示しているのです。

精神世界を大切にする人々

現代社会では、特に非現実的な世界を自分で夢見ることは推奨されません。そんなことをしたら、精神異常者として白い目で見られるでしょう。しかし、それを積極的に行う人々がいます。英語でwitch（ウィッチ）、つまり、いわゆる「魔女」と自称する人々です。魔女という訳語には悪い響きがありますが、それはキリスト教を基盤とした近代文明から見た偏見です。ウィッチは精神世界を大切にする人々のことです。一般に女性ですが、女性であるとは限りません。

ウィッチは、儀式やマジックを通して、精神世界をさまようことにアイデンティティーを置いています。非現実的な精神世界を持つことは、現代人においては稀であり、その意味で積極的にそのような精神世界とかかわりを持つ人々は、確かに特殊な枠組みや考え方を持っていると言えます。

一方、それは子どもにはごく普通に見られることです。宮沢賢治の寓話にも、子どもの白昼夢を題材としたものがあります。私の四歳の娘は、いつも夢の話をします。といっても、それが本当に寝ているときに見た夢であるかどうかはわかりません。突然、現実が非現実に変わります。平たく言えば、ままごと遊びの延長のようなものです。しかし、現代社会に生きる私にとっては、まさに「夢みたいな」空想の話を急にされると、まったく戸惑ってしまうことがあります。

このように、自然史文化がどのようなものであるかを推測する際には、子どもの行動を観察することが一つのヒントを与えてくれます。豊かな自然に触れて育った場合、少女は草花に興味を持つことが多く、少年は昆虫に興味を持つことが多いわけですが、これには意味があるように思えます。女性はハーブの世界に親しみ、男性は昆虫をはじめとした食料調達に長けるということです。昆虫食は文化人類学的にみれば、決して稀ではありません。私は、適応環境での食材として昆虫は重要な役割を果たしていたと考えています。

ちなみに、「魔女」というのは欧米の人を指す言葉ですが、日本には「やまんば」という言葉があります。昔話などでは、多くの場合、和尚さんと対決したりします。つまり、「やまんば」はその響きの通り、「悪者」なのですが、本来は、やまんばは経験を積んだ賢いおばあちゃんだったはずです。キリスト教が魔女を否定したように、仏教はやまんばを排除しようとしたわけです。一方、「老婆」という言葉は、あまりよい印象は与えませんが、「やまんば」よりは中立的な言葉でしょう。

老人の役割は大きい

自然史思想のキーとなる適応環境においては、話し言葉はありますが書き言葉（文字）はありません。つまり、口承文化ですから、特に経験がものを言います。また、自然と直接的な係わり合いを持ちつつ、自分で積極的に自分の世話をすることが「生きた技術」として必須ですから、体を持って物事を教わることが必須です。つまり、自然史文化においては老人の役割が極めて大きいことになります。

魔女ややまんばという言葉に代表されるように、特に女性（おばあちゃん）の役割が大きかったことが想像できます。つい何十年か前までは、日本でもおばあちゃんの役割は秀でたものでした。漬物作り、味噌・醤油づくり、料理全般、薬草・山菜採り、出産の指導、子育て全般と、おばあちゃんの役割は家族の要でした。重要なことは、医療関連つまり家族の健康管理はおばあちゃんの持分であったということです。現代では医療関係はほとんど男性で占められる専門医に一任するようになってしまいました。最後の砦として食・料理の世界のみがわずかに残されているだけです。**ワイズ・ウーマン**（**賢女**）の文化については、私の妻が執筆活動を続けています。その思想をやさしく説明している『本物の自然療法』と『ヒーリング・ワイズ』（両書ともフレグランスジャーナル社）は大いに参考になります。

そうはいっても、おじいちゃんはというと、わらぶき屋根の葺き替えなど家屋関連あるいは昆虫を含めた小動物狩猟技術などを専門にしていたと思われます。このようなおじいちゃんの技術は、食事がスーパーマーケットから供給されるようになり、しかも家屋は工務店に一任するようになると、もはや無用の長物に成り下がってしまいます。魚釣りは、現代に残された数少ない「おじいちゃん」の仕事です。もちろん、このような男女の分業は必ずしも明確なものではなかったのかもしれません。

ただし、正直に言うと、おばあちゃんのほうがおじいちゃんよりも神秘性に富んでいたことは明らかです。すべての人はおばあちゃんから生まれたのですし、出産・医療という神秘的なものとの関わりが深いわけですから。女性は神秘的な神としてあがめられてきたのです。

一方、おばあちゃんが村の酋長になることは非常に稀だったのではないでしょうか。邪馬台国の卑弥呼は女性ですが、女性は一般的に表舞台には立ちたがらないものです。それは男性の役割でしょう。サルのボスも雄です。ただし、だからといって女性の力がなかったわけではなく、むしろ反対だと思われます。男性は常に女性に意見を求めたでしょう。「かかあ殿下」という構造に近いものと思われます。

このように、過去に自然な形でおばあちゃん・おじいちゃんが伝承してきた文化が専門家に委託され、商品化され、資本の集中の原動力となってしまう現象をバンダナ・シバは「パイラシー（略奪行為）」と呼んでいます。その結果、文化の単一化が起こります。

現代社会において、非現実的な精神世界はファンタジックな映画や小説として、受動的なもののみが認められています。これも一種のパイラシー現象です。想像上の世界は商品化され、受動的なものとなっています。口承によるお伽話や自分の夢の体験談などを真面目に語る人はいません。積極的に精神世界を旅する人々は、現代社会においては「ウィッチ」と自称する人々と子どもたち以外にはほとんど存在しないのではないでしょうか。

第四章　適応環境における人類の精神構造⑵

個人中心主義と感覚世界

適応環境における人類の精神世界の構造は、環境との相互作用によって成り立つ個人中心主義であることを明示します。単なる外部環境との相互作用にとどまらず、脳は自分の体内の世界をもモニターすることで、独自の感覚世界を作り上げています。

〈1〉 個人中心主義

生命体全体（遺伝子から脳まで）は個人中心

適応環境では、生命——遺伝子から脳まで——は、何を「目的として」進化したのでしょうか（「目的として」というのは比喩です。本当は進化には目的はありません）。それは、もちろん、自分を守るためです。遺伝子にとっては遺伝子自身を守るためであり、個体にとっては個体自身を守るためです。自分の生存のための利益を最大限に享受するように進化したのです。自分の生存あるいは種の生存は、生物の存在理由そのものであるとも言えます。つまり、これは、人間だけでなく、ほとんどすべての生物にあてはまることです。以前にも紹介したとおり、**個人中心主義**です。このことを端的に「**遺伝子と脳は個人中心である**」と表現してもよいでしょう。これを**自然史思想の第三原理**とします。これは主観の重要性を言い換えたものであるとも解釈できます。

ただし、これはいわゆる利己主義とは違います。個人中心主義という表現は誤解を呼びやすいため、「**環境との相互作用で成り立つ個人中心主義**」としておく必要があるでしょう。

個人中心とは、具体的には、適応環境において自分と少数の仲間だけで多くの問題を解決していく能力を意味します。他人の力をあまり借りずに、適応環境の中で自分だけで生きていく能力です。

もちろん、適応環境には自分以外の人間、例えば家族なども含まれるでしょうし、食物をはじめとして適応環境のお世話になることは当然です。けれども、基本的には個人にとっての適応環境には、自分よりも頼りになる人なり社会システムは存在しないのです。まったく自分ひとりだけという環境は非常に稀でしょうが、極端な話では、そのような状況においてもあまり苦労することなしに自活できる能力こそ、遺伝子とその産物としての脳が求める典型的な個人像となります。ちなみに、人間以外の動物では、ほとんど完全な個人中心主義がつらぬかれています。個人中心主義のもとでは、各人は自活するためのあらゆる能力を持ち合わせていなければなりません。

ところが、現在の社会の特徴の一つは高度の分業化・専門化です。ある人は何々の専門であって、他のことはほとんど知りません。物理学の専門の人は生物学や医学はもちろん、音楽のことは知りません。農業のことも知りません。野外に出ても、何を食べてよいのかすらわかりません。スーパーマーケットやレストランが存在しなければ、現代人は死滅してしまいます。つまり、現代人はまったく一人では生きていけないのです。その存在そのものを社会経済システムの存在に頼っているわけです。

このようなことは遺伝子や脳が「意図した」ことではありません。それとは対照的に、人間の遺伝子と脳は個人中心につくられているのです。資本主義社会のことは想像すらされてはいません。自然の中で個人にとって最も利益が得られるように遺伝子と脳は進化したのです。これはほとんどすべての他の動物でも同じなのですから。ですから、私たちの心も体も、適応環境において個人の生存のために最大限に機能するのです。つまり、個人中心主義という自然史思想の第三原理は、適応環境の重要性を説いた第二原理から導かれる当然の帰結なのです。

個人中心主義と利己主義の違い

自然史文化における個人中心主義も、最終的には遺伝子の行動に還元できるのかもしれません。このような遺伝子のイメージは「利己的遺伝子」という名のもとにイギリスの動物生理学者リチャード・ドーキンスによって提唱され、かなり広く知られることとなりました。この「利己的」という命名はショッキングなため、本の売れ行きに大きく貢献したことは想像に難くありません。この説によると、すべての生物のすべての遺伝子に共通した唯一の目的は、自己の複製による保存であり、そのために遺伝子は生物という「乗り物」をつくりあげたというものです。

私たちの身体そのものは遺伝子の産物そのものであることは確かですが、これでは私たちは遺伝子の操り人形であるかのような印象を受けてしまいます。私たちの形態や行動を決定するのは遺伝子だけではないことをはっきりと指摘しておきます。また、特に人間に「利己的遺伝子」の観念を当てはめるとき、多くの誤解を招きます。命名が誤解を生みがちであることは、その本の著者自身もある程度は指摘しているところです。

個人中心主義については前項でお話しましたが、その前提は何でしょうか。適応環境です。これなしでは個人中心で自分を維持することはできないのです。人間をはじめとする動物は、自分自身の身体を維持するためのエネルギーを食物という形で環境から得ます。食物とは、植物が光合成によって水と二酸化炭素を使って固定化した太陽エネルギーに他なりません。つまり、人間をはじめとした動物はすべて、植物の存在に頼って生きているのです。しかも、植物や食物連鎖の下層に位置する動物たちと比べて、人間を含めた上層の動物たちは、適応環境に頼る度合が非常に大きくなります。そのため、環境の変化には食物連鎖の上層の動物たちが最も弱いのが普通です。その反対に、食物連鎖の下層に位置する植物たちは、環境が多少変わっても、太陽の光と水と空気と多少の栄養があれば十分生きて行けます。

適応環境は個人中心主義の前提となっていますから、個人の存在そのものにとって環境は非常に重要です。環境をむやみに搾取していては、食物連鎖の上層にいる人間などは、飢餓です ぐに滅びてしまいます。実際に、自然界においては、食物連鎖の上部に位置する大型の動物たちはその個体数がかなり限定されています。進化したばかりの人間の個体数も極めて少なかったはずです。ですから、個人・自分が中心であるとはいえ、その存在は全面的に環境に頼らざるを得ないという状況になります。自分が生きるために、環境のことを良く知り、環境とともに生きていくことが必要とされるのです。

これは、単なる利己主義ではありません。論理の進め方だけみると、自分が生きていくために仕方なく、環境と対話するような感じですが、すべての生物はそもそものような状況、持ちつ持たれつの状況にあることは心に留めておく必要があります。結果的には、いかに環境とやさしく対話できるかが、自分自身の存続にかかってくることになります。それが、人間の脳が霊的・超自然的な力を発達させて、積極的に自然と情報交換ができるようになった理由でしょう。

人間に限らず、すべての生物には、自己の存在をかけて、そのような能力があると思われます。まさに、生物はお互い様、相互扶助の関係にあります。さらに、人間は特に食物連鎖の最上層に位置していますから、生身の人間は環境の変化に比較的影響を受けやすいのです。ですから、自然と会話する能力は、その存在をかけて重要となってきます。

このように、個人中心というのは環境中心というのと、ほとんど同義なのです。一方、利己的という言い方は環境を顧みない状態を指す言葉ですから、個人中心主義とは違います。利己的遺伝子という言葉も、このような意味で非常に誤解を招きやすいので注意が必要です。

利己的遺伝子の論理破綻

実は、「利己的遺伝子」の理論を押し進めたドーキンスは人間以外の動物だけでなく、人間の社会行動までも（しかも現代西洋社会の人間の行動までも！）が、利己的な遺伝子行動によって説明できるとしました。例えば、科学文明を基盤とした資本主義社会の発展の根底には利己的な遺伝子の力が働いているというのです。これは明らかに間違った理論であるばかりでなく、優生学的なイデオロギーを生む危険性すらはらんでいます。

鳥や下等な哺乳類ではドーキンスの「利己的遺伝子」論によって、その行動をかなり説明できることは確かです。例えば氷上のペンギンの群れが海に入るとき、実はどの個体も自分から率先して入ろうとはしません。シャチやトドなどの天敵がいるかもしれないからです。誰もが利己的な行動をとり、押し合いの末、誰かが海に投げ出された後に、安全が確認されたら多くの個体が海に入るようになります。しかし、このような利己的行動が遺伝的に刷り込まれたものであるとする理論は、人間をはじめとする大型哺乳類では破綻することを、自然史思想の視点からはっきりと指摘しておきます。人間（この場合は西洋人）の愛情表現や論理思考などは社会史のたまものであり、それが遺伝子という自然史の産物に還元できるわけはありません。

自然史的に考えると「適応環境」でこそ遺伝子は最も能力を発揮できるのであって、現代社会によって規制されている西洋社会的な人間の行動に、遺伝子の影響が幾許《いくばく》あるものかは非常に疑問です。西洋的キリスト教社会は最も自然史から遠い社会ですから、遺伝子の直接的な影響はほとんどゼロでしょう。利己的遺伝子が現代社会の人々の行動に関係があるという主張をする人々は、人類の社会史についてまったく知識のないことをはっきりと認めているようなものです（社会史についての考察は、以後の章に譲ります）。特に西洋人の行動は、西洋人以外のもっと自然史的な人間の行動とはまったくかけ離れた例外中の例外であることを、最初に認識してほしいものです。西洋の哲学者や科学者は、自分たちが例外であることを認識していないばかりか、自分たちこそが人類の代表であると思い込んでいるところに、そもそもの間違いがあるのです。

そうかといって、適応環境のもとではどうでしょうか。私の定義する「個人中心主義」では、遺伝子はその存在を環境との共存に負っています。食物連鎖の上層部に位置する大型哺乳類では特にそうでしょう。雑食性を示す霊長類は大型哺乳類の中でもさらに適応環境との関係が生存のために重要となります。どの時期にどこでどのようなものを食べうるかという自然との情報交換が生存に不可欠となってくるからです。このような情報は遺伝子自体では直接は処理できません。脳が行います。これが人間の脳が特に発達しているひとつの理由であるというのは前にも述べた通りです。そして、脳はその結果として、適応環境と平和に共存するときに最も霊的な力を発することができるのです。

このような現象の根幹には遺伝子の「利己性」とドーキンスが呼んでいるものがあることは確かでしょう。けれども、人間の遺伝子はもはや「利己性」という最初の行動を超えて、環境という自己以外のものをも愛するに至ってしまっています。もはや単なる「利己的」という言葉で片付けられるものではないのです。人間は適応環境においてほとんど「利己的遺伝子的な行動」を見せないことは、多くの未開民族とともに暮らしてみればよくわかります。例えばイギリスからアメリカに渡ってきた開拓者たちは何度も原住民たちに助けられています。未開民族を自らの足と目で調査した人類学者たちは、彼らにあたたかく迎えられています。そこには、自分たちの部族全体の幸せや環境との共存を果たすための生活の知恵に従って生きる人々がいたのでした。収穫したものは皆で分け、環境を破壊しないように焼畑農業ですら制限されます。私が「個人中心性」と呼んで「利己性」と区別しているのはこのような理由からです。

〈2〉 感覚世界の構築

感覚世界の重要性と痛みの謎

われわれは感覚を使って世界を構築しています。感覚には、いわゆる五感と呼ばれるものがあります。視覚、聴覚、嗅覚、味覚、触覚です。そのほかにも平衡感覚などがあります。それぞれの感覚は、われわれの生存にとって重要な意味を持ちます。それは、たとえば、視覚を失ったときの悲しみを考えれば、感覚世界の重要性は容易に想像できます。

もう少し論を進めてみると、感覚情報はわれわれの世界のすべてであるとも言えます。われわれはもしすべての感覚を失ってしまった場合、それでも自我は存在するかもしれませんが、とても生きている意味を見出せなくなるでしょう。その自我さえ、成長過程で得られた感覚情報を基にして構成されてきたものです。私は感覚こそ、人間を含めた動物を存在させるものであると思います。感覚は脳の活動の一部ですが、感覚情報の制御センターとして脳は進化してきたのです。

実は、私の専門分野は、嗅覚系の分子神経生物学です。感覚世界、特に嗅覚世界は、人間を含む動物の存在そのものに迫るものと公言してはばかりません（詳細は『嗅覚系の分子神経生物学』〔フレグランスジャーナル社〕を参照していただければ幸いです）。そして、感覚情報は、その後の行動の判断基準として、生活改善の判断基準として、使用されるべきものです。つまり、われわれは漫然と感覚情報を受け取っているようですが、それらはわれわれの生存に必須の情報を提供してくれるからこそ、それらの感覚器官を発達させるように進化してきたのです。

医学的に重要なのは、内性感覚です。これは自分の胃の感覚、足の感覚などをはじめ、体内の病的な状態を知らせる感覚です。つまり、内性感覚とは大雑把に言うと「痛み」のことです。

例えば、コンピュータの画面ばかり覗いていたため頭が痛くなったとしましょう。その感覚は、われわれに何を訴えているのでしょうか。感覚が存在するからには、それはわれわれの生存にとって重要なシグナルに違いありません。頭が痛いということは、その作業を中止してくれというシグナルなのです。体の状態が病的になってきているため、作業を中止するようにと体が警告しているのです。頭痛薬を飲んで感覚を麻痺させて作業を続行することは、体を痛めつけていることを意味します。

この頭痛の例では、作業を中止して休息をとれば回復するでしょう。しかし、どうすればよいか判然としない痛みも多いのです。たとえば、慢性的に膝が痛い場合、もちろん、歩くことを減らすことはできますが、まったく歩かないわけにはいきません。しかも、休息をとるだけではさして回復するわけではありません。この場合、むしろ痛みという体からのシグナルはないほうが、個人的な生活は快適に営めることになってしまいます。

別の例として、盲腸炎で腹痛がひどい場合を考えてみましょう。現代では、切除術を行うことができます。しかし、そのような外科技術が発達したのは二十世紀になってからです。それ以前には、この痛みは無用の長物だったのでしょうか。いや、そうではありません。

現代医学では、これらの痛みは、実際に無用の長物と考えられ、痛みを持続させる必要はないとされ、即座に鎮痛薬や切除術が適応されます。緊急の場合にはそのような現代医学的処理も必要不可欠ですが、これは非常に非生物学的な対処方法です。痛みの機能については、十分にはわかっていないものの、機能があるからこそ進化の過程で確立され、多くの生物で保存されてきたのです。すべての高等動物は痛みを感じるのですから。鎮痛させることは、確かに場合によっては必要ですが、その場合は痛みの機能を十分に考慮したうえでの鎮痛でなければなりません。むしろハーブ療法やホメオパシー医学のような、より生物学的な治療方法が勧められます。盲腸炎のような切除術が絶対的な立場を確立している病気に対しても、ハーブ療法やホメオパシー医学はいかんなく力を発揮できます。

痛みの機能

では、痛みの機能とは何でしょうか。それは、本人の意識に、痛みの場所を知らせ、その原因を理知的に推測させ、回復のための行動を起こす機会を与えるという機能です。先ほどの頭痛の例がそれを如実に示しています。頭痛のおかげで、体に重篤な支障が起こる前に、その作業を中止することができます。

別の例として、腹痛の場合を考えてみましょう。腹痛は「もう食べるな」と体が警告しているわけで、痛みがなければその人は食べ続け、その結果、身体の破局に陥りかねません。その前に食行動を中止させているわけです。痛みは行動を改善させるための自己啓発システムとして機能しています。

一方、これには、反論もあるかもしれません。先ほどの慢性的な膝の痛みの例では、痛みがあることでほとんど何も利益はないように思えます。痛くても必要なときは歩かなければならないのですから、痛みには苦しみ以外の機能はないようにも思えます。

しかし、痛みを効果的に除去するとともに、真の治癒を達成することができる簡単な方法が存在するとしたらどうでしょうか。真の治癒法が存在するからこそ、痛みはわれわれにその治癒法を実行するように求めているのではないでしょうか。ただ単に、われわれ現代人はその方法を知らないだけです。いや、自然史人は知っていたのですが、社会史文化の発達とともに、忘れ去られているだけなのです。真の治癒が達成できない重篤な病気（ガンや心臓病など）では、発作に至るまで際立った症状は現われません。それは極めて深刻で治癒不可能な状態に近いことを意味します。逆に言えば、自然に症状が現われるということは、病気の完治が可能であることを意味しています。そうでなければ、痛みがこれほど進化するわけはありません。何も改善方法を見出せない痛みは、逆に無いほうがましですから、そのような痛みは進化しえません。

このように、痛みの除去とともに根本的な治癒を達成する自然な方法が存在するのではないかと私はずっと考えていましたが、特によいアイディアも浮かびませんでした。従来からいろいろな治療法の哲学にあたってみましたが、痛みの機能と治療についてこれといって確かな答えを与えてくれるものはありませんでした。たとえば、私が賞賛しているホメオパシー医学でも、この点について誤った解釈がなされています。ホメオパシー医学では、痛みや症状は、患者自身へのメッセージではなく患者から医者へのメッセージとして取り扱われます。

確かに、医者が存在する世界ではそれは誤りではありません。しかし、医者が存在しない自然史文化の中では、そのような解釈はナンセンスです。医者の存在を想定して進化が駆動するわけはありません。ヨーガや気功法が自然史文化における自己治療法にかなり近いものであることは理解できましたが、その哲学的背景は、自然史思想とは必ずしも合致していなかったのです。

ちょうどそのようなことに思考をめぐらせていたときに、『自然史食事学』について講演依頼を受けました。依頼先は「操体法」を実践している奈良操体の会からでした。『自然史食事学』は、私自身が言うのも変ですが、やさしい書物とは言えないので、そのような本を真面目に読んでくれた人がいたこと自体に驚きと喜びを覚えました。ただ、私は、恥ずかしながら、操体についてはまったく無知でしたので、どのような団体か、最初は見当がつきませんでした。しかし、その後すぐに、操体こそ、私が考えていた「内性感覚に基づいた、適応環境における治療法」のひとつに最も近いものであることを直観したのです。

操体法とは、痛みを利用して体を動かすことによって治癒を目指す方法です。「痛み」は医者の存在を想定して進化してきたわけではありませんから、操体法の「医者」は、理想的には不要です。もちろん、現実的には、自然史文化が失われた現在、操体法のアドバイザーの存在は貴重です。操体法は、マスターすれば日常生活に生かすことができますから、その点でも非常に自然史的です。痛みの積極的な機能について、操体は教えてくれています。また、操体法のポーズは赤ちゃんや動物の動きからヒントを得ています。この点も、非常に自然史的です。私はこれらの「痛みの使用法」に関する治療法全般を、ヨーガや気功法などの伝統療法も含めて、「感覚運動療法」という言葉でまとめています。

私自身、操体法に通じているわけではありませんので、ここでは他書を紹介するに留めたいと思います。操体法の確立者橋本敬三氏による『万病を治せる妙療法操体法』（農文協）が初学者にお勧めの一冊です。他にも多くの関連の書があります。余談ですが、沖縄県浦添市など、地方自治体で操体法が推奨または実践されている場合もあり、今後の普及が楽しみです。

少し余談が続きますが、**自然史医学**の根幹として、私は行動療法、食事療法、ハーブ療法、そして、感覚運動療法を挙げます。行動療法とは、生活環境の改善のために引っ越すことや価値観や思想の転換を図ることなど、食事、ハーブ、感覚運動以外の行動的手段をまとめた言葉です。他の三つの治療法と比較してあいまいなものなので、自然史医学の基本的治療法を「食事療法、ハーブ療法、感覚運動療法、その他」としてもよいのですが、この「その他」こそが、実は最も重要な場合もありますので、ここでは行動療法という呼称を与えています。いずれにしても、これらの治療法を総合すればあらゆる病気に対応できるはずです。

感覚世界の構築と感情の表現

このように、われわれは外部環境のみならず、内部環境をもモニターすることによって総合的な感覚世界を構築していきます。ですから、痛みを理性で押さえ込むことや、鎮痛剤で麻痺させてしまうことは決して勧められません。

そして、もう一歩進んで、痛いなら「痛い！」と素直に叫び苦しんでみましょう。必ずや、症状は劇的に緩和されます。本当に不思議なものです。家族の者たちが心配するからといって、痛みをかみ殺すことは、必ずや、その人にとって毒となります。原則として、何事も我慢してはいけません。見栄や体裁ばかりを気にしていては、本質を見落としてしまいます。

さらにもう一歩進んで、痛みだけでなく、**すべての感情を大きく表現してみましょう**。楽しさや面白さ、悲しさなど、素直に表現することです。それは、精神世界を大切にする現代の魔女たちの心得と同じことです。それが、最も人間らしい行為であるのです。他の動物にもそれなりの精神世界はあるはずですが、人間ほど、悲しみや楽しみを表現する能力はありません。

もちろん、現代人として生きているわれわれにとって、感情を大きく表現することはやさしいことではありません。一緒に仕事をしている同僚が急に泣き出したり笑い出したり怒り出したりしては、周囲の人たちは翻弄されてしまいます。感情表現のためには周囲の人々に迷惑をかけない場所が必要です。大都会ではそのような場所を見つけることすら大変ですが、車の中で泣き叫ぶことは可能ですので実行してみて下さい。ビックリするほど健康になった感じがして力が出てきます。

このような感覚世界に生きる人々は、自然界と対話でき、自分自身と対話でき、自分を愛することができるのです。それが、自然史人の感覚世界であり、精神世界です。また、それこそが、「人間の遺伝子と脳は、環境との相互作用で成り立つ個人中心主義」という自然史思想の第三原理の意味するところです。

第五章　適応環境を探訪する(1)

アクア説による人類の起源

これまでに適応環境の重要性を説いてきましたが、それは実際にどのような環境だったのでしょうか。人類誕生の「アクア説」の力を借りて、人類の適応環境を探訪してみましょう。そこには、生きるためのヒントが隠されています。

人類進化の真実を描くアクア説

適応環境を具体化するには、人類がどのような環境において誕生したかという大きな問題に答える必要があります。化石人骨をその骨子とする現在の正統派の人類学・考古学では、サバンナ説やハンティング説が提唱され、教科書にも登場しますが、これらはまったく説得力に欠ける説です。人類がなぜどのようにしてサルと同じ祖先から分岐したのか、また、アウストラロピテクスがなぜどのようにしてホモ属に進化したのか、このような私たちが最も知りたい人類の進化のミステリーについては、正統派はほとんど根拠のないサバンナ説とハンティング説を盲目的に唱えるだけで、納得できる説明はできません。自然史思想が実践可能な思想であるためには、どうしても人類誕生の瞬間がどのような状況にあったかを知る必要がありますから、正統派の人類学・考古学には、本当に幻滅させられてしまいます。

ここでは、いわゆる「正統派」は正確な答えを持っていないことを認識してくれれば十分です。これは、医学における「正統派」とされる現代医学が、治療法についてまったく答えを持っていない状況と似ています（これについては『ホメオパシー医学への招待』を参照して下さい）。現代栄養学が、食事についてまったくでたらめなことしか言えないこととも似ています（これについては『自然史食事学』を参照して下さい）。世の中にはなんて権力に媚びた学問分野が多いことでしょうか！

ヒト（ホモ・サピエンス）という生物は、現存の他の哺乳類あるいは霊長類（サル）と比較しても、形態学的・生理学的に非常に特殊です。直立歩行し、体毛は非常に短く、道具を作り、手を用いて道具を器用に使い、言葉を喋り、多量に汗をかき、水を比較的多量に飲み、涙を流し、脳が非常に発達しており、寿命は非常に長く、性交は正面から行うのが普通で、嗅覚は比較的退化しており、匂いの分泌物は性器からではなく、わきの下から出します。一方、サルを含めた陸上の哺乳類は、例外こそあれ、多くは四足歩行で、体毛は長く、前足は不器用で道具を作ることはもちろん、使うことはあまりできず、言葉はほとんど発達しておらず、汗はあまりかかず、水を飲むことはあってもほんの少しだけで、脳は人間に比べると発達しておらず、一般的に動物は体が大きい種ほど長生きするのにゴリラでも人間の半分以下の寿命しかなく、性交はほとんど後方から行い、嗅覚は視覚と同様かそれ以上に重要な感覚として発達しており、分泌物はわきの下ではなく性器などから出します。こんなに違うことばかりですから、いったいヒトという生物はどういう進化の道筋をたどってきたのか、想像するのは容易なことではありません。

ところが、ヒトというこの奇異な生物の起源を見事に矛盾なく説明した人物がいました。オックスフォード大学の動物学者アリスター・ハーディーです。彼のおかげで状況は変わりました。上述のように、ヒトは他の動物と比較して生理機能がかなり異なっています。最も近いとされるチンパンジーやゴリラと比較してさえ、動物生理学的に大きく違っているのです。では、ヒトの生理的機構に近い動物はまったく存在しないのでしょうか。実は存在するのです。化石に頼るだけではなく、このような比較動物生理学の視点から人類がどこでどのようにして進化したか推論することができるはずです。ヒトに似た生理的機構を持っている動物は、実はそんなに稀ではありません。海や川に暮らす動物たちです。

アクア説の生理学的根拠

「ヒトの進化した場所は海辺であった」という説はサバンナ説をくつがえすものとして、一九六〇年にオックスフォード大学の動物学者アリスター・ハーディーが提唱し、エレイン・モーガンが一般読者のためにまとめたものです。これはサバンナ説と対比されて、一般に**アクア説**と呼ばれます。ヒトが水生の生物であるというアクア説の主張は、一見してとんでもない空想話のように思えますが、考えれば考えるほど、この説にはかなり真実性があることに気が付くのです。そして、多くの動物学者がこの説を支持しはじめています。

では、アクア説にはどのような根拠があるのでしょうか。アクア説の根拠は、「ヒトに特有とされている様々な生理学的な特徴は陸生の動物と比較すると特有だが、水生の動物と比較するとかなり普遍的に見られる」という事実です。日本でもエレイン・モーガンの名著『人は海辺で進化した』が出版されています。以下に、この本に沿って、私の解釈も加えながらハーディーとモーガンの議論を要約してみます。

最初に、体毛について考えてみましょう。ヒトの体毛は他の陸生の動物と比べて非常に短いのです。皮膚がむきだしになっている動物はヒト以外にはほとんどいません。直射日光が強い熱帯地方では体毛には皮膚を紫外線から保護する機能があるため、ほとんどの動物は体毛を発達させているのです。他方、水生の動物の多くは体毛を失っているか、かなり短いのです。これは、毛が長くては泳ぐときに弊害になるためです。ヒトには種分化の際に、紫外線を遮断する体毛を失ってでも泳ぐ機能を発達させるという自然選択の力が働いたのです。競泳選手も体毛をきれいに剃って記録に挑戦すると聞きます。体毛が短いばかりではありません。ヒトの胎児の体毛の向きは泳ぐ時の水の流れの向きと一致しているのです。皮膚の表側だけでなく裏側、つまり皮下脂肪にもヒトに特有とされる特徴があります。ヒトの皮下脂肪は皮膚と一体化してかなり厚い層を形成していますが、サルなどの陸生動物ではそんなことはなく、脂肪は皮下にはたまりません。これは浮力を得るためだと言われています。いずれにしても、水生動物は陸生動物と違って厚い皮下脂肪の層を持っていることが知られています。それればかりではありません。ヒトでは、皮下脂肪のために体全体が流線型になっています。これは泳ぐ時に水の抵抗を受けにくくするためであると考えられます。特に女性ではそれが性的な魅力となっているくらいです。

汗についてはどうでしょうか。汗は体温調節のための生理機能です。けれども、体温調節のためとはいえ、汗をかくと水とともに体の塩分までも失ってしまいますから、水と塩分はいくらでも補給できるような環境がなくてはこのような進化はしないでしょう。そのような環境にあったからこそ、水と塩分の損失を承知で発汗という生理現象が進化したと考えられます。果物を多く摂取する霊長類の祖先がビタミンCを合成する遺伝子を失った理由と同じです。実際、他の陸生動物はほとんど汗をかきません。足の裏に滑り止めとして汗をかくくらいなのです。犬が舌を出して息を弾ませながら体温を調節することは誰もが知っているでしょう。ですから、ヒトのように、運動の後に水場へ行って多量に水を飲む必要などはほとんどありません。発汗は水分（川や湖の淡水）と塩分（海水）と両方とも十分にある環境において生まれてきたと推測することができます。

涙についてはどうでしょうか。陸生哺乳類は涙を流しません。サルも決して泣かないのです。けれども、涙もヒトに特有ではありません。アザラシなどの水生哺乳類は、感情が高ぶったときに涙をぽろぽろ流すことが知られています。哺乳類だけではありません。驚くべきことに、海辺に住む鳥類や爬虫類でも涙を流すのです。

では、人間の人間たる所以と言われている直立二足歩行はどうでしょうか。水の中では、「足が届く」範囲で行動するために、基本的に二足歩行になりがちなのです。霊長類としては例外的に海に入るカニクイザルは、二足歩行をして「足が届く」範囲で海を歩きながらエサを探します。ビーバーでも、ダムを作るための材料や子どもを運ぶときには手を使いながら二足歩行をするのです。普通の陸生動物は物を運ぶときは口でくわえますから、この行動は驚くに値します。アザラシやイルカなども、浮かんで直立姿勢をしているのをよく見かけます。それでも、本当に直立二足歩行をする動物はヒトしかいないという発言も耳にしますが、ペンギンはまったくヒトと同じように直立二足歩行をします。もちろん、ペンギンも水生です。つまり、水辺の動物では、直立二足歩行はそんなに特殊なことではないのです。ペンギンは鳥なので、基本的に二足歩行であることは必然ですが、歩行中は背骨と後肢の角度が一直線になっているいることを考えるとペンギンは「直立」だと言えるのです。それゆえに、ペンギンの歩行姿勢はわれわれ人間にとって愛らしく感じます。

背骨と後肢の角度が一直線になっていることは、水生動物全体に見られる特徴です。その一方、陸生動物の場合は四足歩行で、背骨と後肢の角度は直角になります。

道具の使用に関しても、同じことが言えます。海辺・川辺に棲む動物は比較的道具をよく使用します。ダムを作るビーバー、器用に石を使うラッコなど、なぜか水生動物たちは道具をよく使うのです。それと関係しているのか、水生動物は知能も高く、イルカやクジラはヒトよりも大きな脳を持っていて、個人的感情なども示すことはよく知られている通りです。

ヒトの大きな特徴といえる言葉の問題はどうでしょうか。チンパンジーは訓練されれば人間の言葉を理解できるようになりますし、コンピュータを使って意志を表現できるようにもなります。その意味では、人間が高度な言葉を操ることができるのは霊長類として進化したからだとも言えるでしょう。けれども、チンパンジーはどのように訓練しても決して人間のように複雑な言葉を喋るようにはなりません。発声器官が意図的な思考と連動しないのです。それに対して、水生の動物では発声器官が非常に発達しています。例えば、クジラやイルカがお互いに「話している」声が研究者によって録音され、解明が進められているくらいです。水の中では嗅覚に頼ることができないため、発声能力と聴覚が発達するのです。現在の人間でも、海辺に生活する漁師たちは声が大きいと思うのは私だけでしょうか。

性交についてはどうでしょうか。ヒトでは基本的には対面の体位で行われますが、これは陸生動物としては例外的です。一方、水生動物では対面性交は普通に行われています。さらに、人間は水中出産すらできることが知られています。むしろ、陸上出産よりも水中出産の方が容易であるというのは、実体験した多くの女性たちの声です。

適応環境は非常に豊かだった！

そして、子どもに関しても違いがみられます。人間は育てる子どもの数が少なく、子どもの教育にかける年月が群を抜いて長いのですが、これも水生生活の影響があると言われています。エライン・モーガンはイタチの仲間を例に挙げています。かなり系統的に近い仲間でも、完全に陸の生活をするオコジョは毎年多くて一二、一三頭くらいの子どもを生みますが、半水生のカワウソは毎年四頭くらい、かなり完全に水生のラッコは一年に一頭だけしか生まないのです。これは、水の中の環境の方が、外敵が少なく、エサも豊富に存在するという環境条件と関係があります。陸上は様々な動物によって生態学的なニッチが埋め尽くされているのですが、水の中にはまだまだニッチの隙間が大きいのです。つまり、海や川の中には魚や水生無脊椎動物はかなり繁殖しているのですが、哺乳類はほとんど進出していないため、水の中の生活は、エサは豊富にあるにもかかわらず敵は少ないという好条件に恵まれているわけです。そうでなければ、少ない子どもの数で、長く教育するヒトのような動物が生き残れるわけはありません。海辺の磯辺に行けば、貝やカニや小魚、さらには海藻など、様々な生物を比較的楽に採集できることは、実体験してみるとすぐにわかります。

それればかりではありません。ヒトは非常に長生きです。ヒトは他の陸生生物と比較して、成長が極端に遅いことが知られています。その結果、ヒトはサルと比較しても極端に長寿なのです。普通は体が大きい動物のほうが生物学的な時間がゆっくり流れるのですが、ゴリラはヒトよりも大きいのに寿命はヒトの半分くらいしかありません。この違いにも、水生生活の影響が出ていると言われています。しかも、ヒトにおいては、生殖期を過ぎてしまっても何十年も生きることができます。これも、水生生活と関係があると言われています。そして、このことは、おばあちゃんとおじいちゃんが自然史文化で重要な役割を果たしていた根拠となります。

生態学者・動物学者によれば、「一般的に、ある動物が長生きであるのはエサが豊富で敵が少ないためである」と結論されています。そうでなければ、長寿という形で遺伝子を保持することよりも、短命で多産という形で遺伝子を保持することが好まれるからです。これは集団遺伝学の自然選択モデルからも支持されています。ですから、人間が他の動物と比べて極端に長寿であり、子どもの数が少なく、しかも、子どもの教育に長い時間をかけるということは、人間の適応環境が海辺や川辺であり、しかも食料が比較的豊富で敵が少なかったことを物語っていると解釈できます。

このように、**遺伝子適応環境は非常に豊かであった**のです！「昔の人は食べ物がなくて大変だっただろう」という誤解は捨て去りたいものです。日本史で言えば、弥生時代以降の人々は飢えで苦しみましたが、縄文以前の人々は豊かな暮らしをしていました。

文化人類学的にも、多くの部族は一日三時間ほどしか労働せずとも十分生きていけたことが知られています。時間がゆっくりと流れる、余裕の暮らしがそこにはあったのです。

ヒトはもともと泳ぎが得意

ここまでの議論で、人間の生理学的な特徴は水生動物としてはそんなに特有ではないことがわかったと思います。けれども、多くの人が泳げないではないかと反論したくなるのも、もっともなことです。人間が泳げるのは進化の結果ではなくて、文化的・社会的な訓練の結果ではないかというわけです。

ところが、事実は逆で、泳げない人がいるのは、小さい時から水に馴染んでいないからなのです。これは言葉の学習と同じです。小さい時に学ばなければ、言葉を一生喋ることができなくなってしまいます。実際、幼児は水場に放っておいても、勝手に泳ぎを身につけるというから驚きです。

また、ヒトはもともと泳ぎが得意であることを裏付ける「潜水反射」という生理現象があります。水に潜ると反射的に心拍数が減り、酸素の消費量が減るのです。そのため、人間は三分以上も潜水していることが可能です。もちろん、普通の人は一分くらいが限界でしょう。けれども、漁村などで育った人たちには三分以上潜水できる人は稀ではありません。

潜水反射以上に意外性があって面白いのは「水かき」の存在です。現在の人間でも、どのような文化的背景の人であれ、七パーセントの人たちには足の指の間に水かきがあるというのです。稀に、手の指の間に水かきを持っている人もいます。これらは奇形として片付けられる場合がほとんどでしょうが、ほんとうはヒトが水辺で進化したことの名残と考えるほうが正しいでしょう。

哺乳類、鳥類、爬虫類などのもともと陸生の生物が海や川へと生活環境を拡大していくことは、進化の歴史上、何度も起こっていますから、霊長類の一部が水辺の環境に適した生活をするように進化したとしても、まったく不思議ではありません。哺乳類ではクジラやイルカばかりでなく、アシカ、カバ、日本にもかつては生息していたカワウソ、器用に道具を使う愛敬のある行動で知られるラッコ、川にダムを作るビーバーなど、多くの種類が明らかに水の環境へと適応しました。鳥類ではペンギン、爬虫類ではワニが有名な例です。このような例からわかることは、クジラやイルカのように、完全に水の中でなければ生きていけないものから、カワウソなどのように、陸上でもかなり生存可能なものまで幅広い適応が見られることです。ヒトは条件がそろえば陸上でも生きて行ける程度に海辺での生活に適応した霊長類であると言えます。

人間は文明の力を借りて、かなり海や川から離れた場所にも住むことができますが、文明がかなり進歩してからも、川や海の近くに住んでいたことは十分考えられることです。数千年前の古代の遺跡も、数万年前の石器時代の遺跡も、あるいは数十万年から数百万年前の人類の化石も、ほとんど水の近くから発見されます。現代人でもキャンプには水場が必要です。人間は水を飲まずには生きられないからです。また、海水浴を楽しむ陸上の生物というのは、人間以外にはあまりいません。少なくとも、霊長類の中ではかなり稀な行動なのです。

このように考えると、おそらく人間は海と川のどちらにもすぐ行ける場所に住んでいたのではないかと考えられます。基本的には海辺で進化したとしても、陸上生活をするに至って川のほとりを離れなかったのでしょう。

アクア説によるアウストラロピテクス属とホモ属の出現の説明

人類の進化は、おそらく東アフリカの大地溝帯の付近で起こったと言われています。この辺りで多くの化石人骨が発見されるからです。アクア説では、アフリカ大陸とアラビア半島を結ぶダナキル島という場所で人類の進化は起こったのではないかと推測しています。当時、大きな気候の変化に伴って海面が上昇し、熱帯雨林で生活していた霊長類の生活範囲はかなり狭められました。特にアフリカ大陸の端のほうで生活していた霊長類は島に閉じ込められてしまったのです。どれくらいの大きさの島かはわかりません。日本くらいだったかもしれませんし、小笠原諸島やガラパゴス諸島くらいだったかもしれません。

島という環境が進化の速度を増大させることは、島に特有の生物が生存していることで確認されます。日本だけでも、対馬には対馬にしか棲んでいない生物（例えばツシマウラボシシジミ）、沖縄には沖縄だけにしか棲んでいない生物（例えばヤンバルテナガコガネ）がたくさんいるのです。これは対馬や沖縄に限ったことではなく、島という特殊な隔離された環境が、固有種の進化を促進するのです。このことについては序章(2)でも説明しました。

同じように、ヒトも島で進化したとアクア説は主張します。島に閉じ込められた霊長類は熱帯雨林が急激に狭まっていく中、その生存を海に求めました。海へ入ることで体毛を失い、皮下脂肪をつけるようになり、直立二足歩行を始め、言葉をも獲得していきます。その他にも様々な海の生活への適応が行われ、それがヒトを他の動物と違うようにみせる特徴となったのでした。これが最初の人類、アウストラロピテクス属の出現のストーリーです。

では、ホモ属の出現に関してはどうでしょうか。実はアクア説はもともと人類の出現、つまりアウストラロピテクス属への進化についての説であって、ホモ属出現についてはほとんど考察されていません。モーガンの著作ではアウストラロピテクス属へと進化した後は、ヒトは海を捨てたとして、それ以上の考察はなされていません。というよりも、さらなる気候の変化でまた海面が下がり、「海のほうがヒトを捨てた」のではないかと述べています。そして、アウストラロピテクス属の時点ですでになされていた「前適応」によって、ホモ属まで進化したとします。つまり、「海で進化してきた惰性」でホモ属も出現したというわけです。

確かにホモ属の出現はアウストラロピテクス属の出現という進化に比べれば、小進化だと言わざるを得ませんから、「惰性」以上に説明はいらないと感じる研究者もいるでしょう。けれども、ヒトの進化は惰性だけで考えられるほど直線的ではなく、非常に複雑な進化の道筋を辿っていることも徐々にはっきりしてきました。最新の分子生物学的な研究によると、現生人類ホモ・サピエンスはアフリカのどこか一ヵ所である小さな集団として進化したことがわかっています。さらに、ホモ属の化石が出るのも、やはり水辺なのです。ヒトはたとえ「陸に戻った」としても、海辺や川辺を好んだことは言うまでもありません。

結論を言うと、私はヒトは海を最後まで捨てなかったと考えています。海面がまた下降したとしても、下降するにつれて生活場所を変えていけばよいからです。海から離れた場所にもヒトは広く分布したことは確かですが、最終的にホモ属にまで進化したのは、やはり最後まで海と共に生活してきた集団であったのではないでしょうか。ホモ属にはホモ・サピエンス以外にも様々な種が出現しましたが、それらの種は海とは離れた場所へと進出し、そのような場所で進化・適応したのかもしれません。その結果、最後まで海で進化した現生のヒトが出現したとき、能力に差ができてしまったのです。

アウストラロピテクス属の時点ですでに海辺が最も適した環境になっていたのですから、さらに海辺に住み続ければ、もっと海に適した体に進化していくことは十分ありそうな話です。おそらく現代のヒトのほうがアウストラロピテクス属よりももっと器用に道具を使い、もっと言葉も発達しており、もっと脳も発達しているのですから、アウストラロピテクス属よりももっと海の生活に適応していると考えるのが最も自然ではないでしょうか。

ホモ・サピエンスの歴史は五百万年

ここまででは、アウストラロピテクス属の後にホモ属が出現し、さらにその中から現生人類ホモ・サピエンスが登場したという正統派人類学・考古学の意見を全面的に信じてきました。

アクア説は正統派のサバンナ説とハンティング説を否定することができますが、アウストラロピテクス属↓ホモ属↓現生人類（ホモ・サピエンス）という進化の順序については何もコメントできないからです。

けれども、最近になってこのような順序すら誤っていることがはっきりしてきました。まだ数は多くありませんが、アフリカでの発掘調査で得られた化石人骨や足跡にはアウストラロピテクスと同じくらい古いのに、明らかにアウストラロピテクス属のものではないものがあるのです。これらはアウストラロピテクス属ではなく、ホモ属のもの、そしておそらくホモ・サピエンスのものであったのです。

つまり、このことが正しければ、ホモ属とアウストラロピテクス属の出現は同じ五百万年前くらいに起こっていることになります。アウストラロピテクスも、直立原人も、ネアンデルタール人も、ホモ・サピエンスも、同じ時代に生存したことになりますから、アウストラロピテクス属の出現とホモ属の出現を分けて考える必要はなくなってしまいます。ホモ・サピエンスはサルとの共通の祖先から一気に海辺で進化したというだけで十分なのですから。

ここで注意すべきことは、現生人類ホモ・サピエンスの歴史は五百万年もあるということです。そして、その後、大きな進化はせずに現在に至っているはずです。資本主義社会が現在の形になって五十年足らず、産業革命からも二百年足らず、日本での稲作の歴史も二千年足らず、人間が作物の栽培を始めてからも一万年足らずです。もし、地球の環境が大きくは変化せず、適応環境に留まった自然史人がいたとしたら、彼らはそこで自然史文化を形成しながら、最近の一万年を除いた約五百万年間も平和な生活を送っていたと考えられます。

アクア説提唱の背景

このように、アクア説は他の人類進化説であるサバンナ説を大きく超えて説得力のある説です。動物生理学的に考えて、人間にみられる多くの独特の特徴を説明できる現存する唯一の説といってもよいでしょう。人類進化を語るときに最も重要なコンセプトはこのアクア説だと、私は考えています。

けれども、この素晴らしい学説は人類学・動物行動学・考古学などで大きく取り上げられたかというと、そうではありません。今でも、アクア説はどちらかと言うと少数派の意見です。動物学者には比較的受け入れられているようですが、ほとんどの人類学・考古学の教科書にはサバンナ説こそ載っていますが、アクア説は真面目に取り上げられていません。そこで、アクア説成立の歴史的背景についてここで少しコメントしておきます。

アクア説は、一九六〇年にあまり学術的とはいえない「潜水クラブ」の会議でオックスフォード大学のハーディー教授が講演発表したのが最初です。彼がアクア説を考えたのはそれよりも三十年も前なのですが、一九六〇年まで発表を控えてきたのでした。その間にアクア説を裏付ける新しい化石が発見されることを望んでいたのでした。けれども、化石は発見されませんでした。

その後、ハーディーは出版社側からの依頼によって、これもあまり学術性の高くない『ニュー・サイエンティスト』という一般向け科学雑誌にちょっとした論文を出しました。けれども、ハーディー教授がアクア説について正統な学術雑誌に体系的な論文を発表したことはありません。アクア説とそれに伴う人類の進化は、彼にとってはちょっとした趣味的な研究分野だったのです。面白いことに、彼は非常に欲のない動物学者で、アクア説がマスコミを騒がせたあとでも、体系的な本や雑誌を出しませんでした。また、他の人類学者や動物学者は、アクア説をあまりにもこじつけのような説だとして、真面目に検証しようとする人は誰もいませんでした。

そこで、アクア説を動物生理学的に検証した本は、アクア説の発表から二十年以上もたった一九八二年、エレイン・モーガンによって執筆されることになります。面白いことに、エレイン・モーガンは動物学者ではありません。大学教授でも動物学者でもなく、オックスフォード大学の英文学科出身で、テレビ番組の台本ライターだそうです。ですから、そのような人が動物生理学について学問的に耐えうる本を書けるわけがないと多くの人類学者や動物学者は、本を読むことすらなしに無視してしまったのではないかと容易に想像されます。結果的には、エレイン・モーガンの本は学者の間ではなく、一般読者の間で支持を得ました。

このように、アクア説はその提唱のされ方から言っても、非常に珍しい歴史を辿ってきたと言えるでしょう。けれども、エレイン・モーガンの本は、もちろん完全には学術的ではないとはいえ、学者が顔負けするくらい非常に論理的にまとまっています。人類の進化を論じる際には不可欠な歴史的名著であると私は高く評価しています。

食事学の視点もアクア説と一致

私はモーガンの著作を知る前から、「真の健康」は自然史に沿ったときにのみ初めて達成されると考えていました。この考えは自然史に沿った食事学「自然史食事学」へと私を導きました。もちろん、その際には、健康な食事であると代替療法分野でいわれている多くの食事療法を参考にさせてもらいました。そして、何が自然史に沿った環境であるか、色々と思考を凝らしていました。

そして、人間の食事には他の動物と比較してかなり奇妙なところがあることに気付いていました。最も奇妙なものが、塩分の摂取です。他の動物は一般的に塩辛いものを好みませんが、人間は非常に好みます。これは、私の祖父も経験的に知っていました。祖父ははっきりと、「人間と動物とでは塩の必要性が違う」と断言していましたが、これは戦争の経験からきた発言でした。人間には砂糖よりも塩が重要であるというのです。子どもの頃にこの話を聞いた私は、科学的に調べれば嘘に違いないと思っていました。けれども、特に重労働で汗として水と塩分を損失している人にとっては砂糖よりも塩のほうが重要であることは十分に考えられることです。そして、それは他の動物にはあてはまらないことを祖父は知っていました。

以前にも述べましたが、人間の発汗作用は海や川の近くで進化したからこそ成立したと考えることができます。そうでなければ、水や塩分を失ってまで体温を下げることはしなかったでしょう。その結果、食物の嗜好が塩辛いものになったのではないかと論じることができます。また、人間は水もよく飲みます。川の近くでの生活も必須になってきます。これは、塩や水が豊富だったからできたことです。果実からのビタミンCの摂取が豊富だったために、人間の祖先がビタミンCを合成する遺伝子を失ってしまったのと同様です。

塩や水ばかりではありません。多くの代替療法が示しているように、肉食は健康回復には好まれません。その一方で、魚介類はある程度許されます。人間は雑食だと言われていますが、完全に陸上の動物だとしたら、魚介類が肉類よりも体にいいというのは納得できません。

また、海藻は体によいと言われています。もちろん、ビタミン・ミネラル類などの栄養素が豊富であるという現代栄養学の視点からそのような議論がなされることが多いのですが、日本人だけでなく多くの民族が海藻を食してきた結果、海藻の食品としての価値の高さが評価される場合もあります。例えば、日本で最も長寿であった沖縄の食卓には海藻が欠かせません。アーサ、モズク、ワカメ、コンブが他の地方と比べて高い頻度で摂取されます。それが長寿の一因であると指摘されています。もしそれが本当なら完全に陸上だけで進化してきた動物にとって海藻がよいというのは、ちょっと不思議な話です。

いずれにしても、このような食事学的な視点から考えても、ハーディーとモーガンのアクア説はかなり的を射ていると言えるのです。アクア説によって、私はこのような食事の説が正しいことを確信することができました。この時点で人類の適応環境は海辺であったことがわかりました。海の幸に重点を置く食事の重要性を改めて認識したのです。

第六章　適応環境を探訪する⑵

自然史文化の再現

「アクア説」以外にも、適応環境における自然史文化を再現する方法はあります。民族学、人類学、考古学や、子どもの行動などからもヒントを得ます。最終的には、ハーバリズムを基調とした世界観に到達します。

「伝統的生活」の落とし穴

序章(1)の冒頭で紹介した「今はいいね」という考え方を持つ人と対照的に、「昔はよかったね」という考え方をする人も、最近特に増えているように思えます。また最近は環境問題が大きくとりあげられるようになりました。これは自然史思想の視点から、非常に喜ばしい傾向です。ただし、そのような人は、五十年から百年くらい前の伝統的な生活を理想としていることが多いようです。それはそれで悪くはないのですが、そのような一昔前の伝統的生活は本当に理想のライフ・スタイルだったのでしょうか。

そもそも、「伝統的な生活」とは何なのでしょうか。百年前には、その頃の伝統的生活はそのさらに百年前のものであったと考えられます。日本では明治時代や江戸時代には生活は大きな変化を遂げました。特に、食生活に顕著に現われています。寿司ができたのも江戸時代です。日本の伝統食であるはずの米ですら、弥生時代に大陸から持ち込まれた外来食品であるばかりでなく、品種改良を重ねることによって、やっと日本の気候にも耐えうるようになったのです。もちろん、米の歴史は比較的古いのですが、ジャガイモでも十六世紀末、サツマイモは十七世紀に日本に伝来しました。このように、食生活は時代とともに変遷していきますから、私たちが「伝統食」だと思い込んでいる食事は、意外と新しく日本に持ち込まれたものであることに気付きます。同様に、生活全体も、様々な影響を受けて変遷してきたと考えるのが正しいでしょう。

五十年から百年前のいわゆる「伝統食」を基本とした「伝統的生活」が健康的であるという主張を支持する根拠としてよく引き合いに出されるのが、日本人の出生時の平均余命の増加です。日本人の平均余命は現在のお年寄りのかたがたを対象として算出してありますから、その頃の人々の生活が最高のものではないかという推測は確かに可能です。けれども、この解釈には穴があります。私たちはいったいどれくらい昔の人々の日本人の平均余命のデータを持っているというのでしょうか。五十年から百年以上前の人々のデータを得ることは不可能なのです。つまり、健康度を平均寿命で比較しようとしても、昔の人がどれくらい生きたかについては確固とした証拠はありません。比較するものがあまりないのですから。

ではー体何と比較しているのでしょうか。日本以外の国のデータです。けれども、信頼できるデータが揃っているのは、当然ですが、先進国ばかりですから、もし先進国以外の未開民族などが長寿である場合、その民族についての統計は信頼できないといって調査の対象から除外されます。これはデータを勝手に偽って使用したわけではありません。データが正確でないか、信頼できないか、あるいは存在しないから仕方がないのです。けれども、データを解釈するときにそのことを心に留めておかないと、日本人が世界一といって信じ込まされてしまうことになります。少なくとも人類史を通してみれば、日本人あるいは沖縄人はさほど長寿ではないと私は確信しています。これについては後の項で再び論じます。

長寿村などの寿命と比較している、無意識の対象があります。多くの人々が無批判に信じ込んでいる人間の生物学的な寿命です。人間が健康な寿命をまっとうした場合、まあ八十歳くらいが寿命なのではないかと思ってはいませんか。別の言い方をすると、人間の生物学的な寿命を八十歳くらいと仮定した場合、五十年から百年前の人がずいぶんと長く生きたようにみえるのは確かですが、もし人間の生物学的な寿命が百六十歳だったらどうでしょうか。百年から五十年前の人でもかなり寿命が短いと解釈され、その食事は大変健康に悪かったであろうということになり、まったく逆の結論になります。日本人が他の先進国の人たちより十年や二十年長生きしても、百六十歳まで生きた人たちと比べると、意味のない議論になってしまいます。「人間が百六十歳まで生きるなんて」と思われるかもしれません。でも、実はこれは本当にありそうな話なのです。すぐ後で再考します。

稲作は縄文人の健康と平和を破壊した

日本に米が定着したのは弥生時代です。その前の縄文時代には農業は行われていたとしても、小規模な焼畑農業・原始農業だけでした。その間、縄文人は自然の中で精神的に豊かな文化を築き上げてきました。縄文土器にみられる、非常に芸術的な模様は、彼らの生活が精神的にかなり余裕のあったものであることを伺わせます。豊かな自然に恵まれていたために、食生活に苦労することはほとんどなかったと考えられています。そうでなければ、土器に模様を施す心の余裕があるはずはありません。

その縄文人の伝統的な生活は米とともに渡来した弥生人によって破壊されてしまいました。米は沖縄経由で、あるいは中国経由で持ち込まれました。弥生人は縄文人にとっては侵入してきた外人でした。そして、弥生人の侵入は、戦争的なものであった可能性が高いと私は考えています。縄文人は平和に暮らしていたのですから。つまり、二千年もさかのぼれば、米は日本人の伝統食ではなくなってしまうのです。伝統食というものは、社会的な要因によってつくられていくものなのですから。

この弥生人の侵入によって稲作が日本に広まった結果、人々の健康状態は良くなったのでしょうか。そうではありません。破滅的に悪化したというのが、現代の考古学の教えるところです。米などの単一の食料に頼るようになったため、栄養障害が現われたのです。これは日本に限らず、世界中で農耕の始まりとともに発生した現象です。健康状態だけでなく、農耕を始めてからは、人々は辛い労働の生活を余儀なくされ、しかも、食べることができる食物の種類も量も縮小されてしまいました。そのため、精神生活は劣悪化し、縄文土器にみられるような広範囲な芸術活動はなくなり、土器としての機能のみに改善がみられるようになります。

それどころか、稲作は私有財産の形成を促しました。稲作は戦争の歴史の始まりといっても過言ではないのです。米はまさに権力の発生と不健康化に貢献したのです。穀物の耕作が始まって以来、人類は心身ともにかなりの不健康状態に陥ってしまいました。飢えを回避できるようになったわけでもありません。逆に、農耕以前には存在しなかった飢餓に直面するようになります。文明こそが人類に平和をもたらしたと信じている人にとっては、驚くべきことかもしれません。けれども、このようなことは、人類学者・考古学者の間では、かなり常識になっているのです。考古学者たちは農耕以前の食生活を「栄養の黄金期」と呼んでいるくらいです。

このように、農耕の歴史は、私有財産と戦争の歴史であると同時に、不健康の歴史でもあります。それは権力を中心とした社会状態、つまり**権力原理**の始まりでもありました。このような中で、主食と副食という考え方が生まれてきます。これこそ、戦争のために考えられたのかもしれません。

この項の議論で重要なことは、「伝統的生活」が決して良いとは言えないということです。もし伝統的生活を見習いたいのなら、少なくとも農耕以前の石器時代まで遡る必要があります。逆に言うと、自然史思想の正当性がここでも浮き彫りにされたわけです。

半自然史文化の評価

前章で紹介したアクア説によって、人間の適応環境は海辺・川辺であるということが、確実になったと思います。アクア説をはじめとして、これまでは動物学から適応環境を明らかにしようとしてきましたが、適応環境に迫る方法は動物学だけではありません。民族学や人類学的調査も多くのヒントを与えてくれる可能性があります。民族学・人類学的調査とは、西洋文明の影響をあまり受けていない古くから存在する民族あるいは部族の生活習慣に関する「客観的・科学的な」調査のことです。例えば、日本にも存在する長寿村の調査からアメリカ原住民やニューギニア高地人たちを対象とした調査がこれに当たります。

このような民族・部族の生活習慣は現代の西洋文明・資本主義の影響をあまり受けていませんから、その影響をあまりにも受けすぎている私たち現代人にとってはかなり参考になることは十分考えられることです。

ただし、このような方法で人類の適応環境や人類の進化の歴史を知ろうとする場合には、かなり注意が必要です。アフリカの「原始的な生活」をしている部族を人類学的に調査した結果が、「進化直後の人類の生活」に似ているということはほとんどありません。むしろ、その部族はもともとの「人類の適応環境」とは異なった「特殊な」場所の気候や自然環境へと文化的に適応していると考えられます。その結果、もともとの自然史文化とはかなり異なった文化を形成してしまった可能性が大きいのです。

極端な例は極限の寒さや暑さや乾燥状態の中で生活している部族が挙げられます。そのような部族をいくら調査しても、適応環境に関するヒントは得られないでしょう。なぜなら、気候そのものが決定的に違っていると考えられるからです。人類の進化は暖かい気候の場所で起こったはずなのですから。

また、気候の問題に限らず、様々な民族・部族が、民族・部族の数だけ特殊な文化を持っていることは人類学者たちが知っている通りです。人類は進化した後、海を離れて様々な地域に自然史文化的ではない方法で適応していくことに成功しました。そして、現代文明が発達するかなり以前から、地球のありとあらゆる地域に分布を広げることに成功したのです。その様々な地域に適応するために、自然史的な生活からだんだんと逸脱していったと考えられます。けれども、農耕社会以前の状態では、狩猟・採集を中心とした食生活であるため、自然界と大きく関わりあって生きていることには変わりありません。そのため、環境や部族によって程度の差こそあれ、かなり自然史文化を残していたことも確かでしょう。農耕がほとんど行われず、自然史文化の延長上にある文化を**半自然史文化**と定義します。

砂漠や北極圏に住む人々の半自然史文化を参考にしても適応環境における生活像は浮かび上がってはきませんが、亜熱帯から温帯にかけて存在する緑豊かな海辺は「適応環境とは多少異なってはいるけれども極端には異なっていないと思われる環境」と考えられるため、そのような場所で「原始的に」生活する多くの部族の情報を総合すると、人類の適応環境における生活のヒントになるでしょう。そればかりでなく、半自然史文化は、理想的な適応環境に住むことができない現代人がその地域でどのような生活をすべきかについて現実的な妥協案を考えるうえで参考になります。

半自然史状態にある多くの部族・民族の生活習慣を比較すれば共通の面がわかってくるでしょうから、その共通の面から適応環境や自然史文化を推測することは重要でしょう。例えば、現在では健康上の理由あるいは宗教上の理由から菜食主義が盛んに行われていますが、世界的に見ても完全な菜食主義の民族・部族を見つけることは困難です。ですから、特に植物系のものばかり選んで食べるという行動はかなり不自然なものであるという推測は成り立つはずです。動物生理学からもこの見解は支持されます。チンパンジーは一般に菜食主義だと言われていますが、昆虫などもよく食べます。ヒトが進化の途上でさらに菜食への傾向を増したとはどうしても考えられません。このような理由で、完全菜食主義は自然史食事学では理論的に支持されません。植物食中心で、動物食も軽視しない食べ方が最も自然史度が高いのです。

このように多くの民族から得られる情報を総合的に考えた場合、民族学・人類学的な調査は意味があるものと思われます。その反対に、ある限られた民族や部族のみにみられる生活習慣からヒントを得ても、ヒトに関する一般論としては誤りとなります。

ただし、現代人は適応環境に住んでいないことを考慮し、適応環境における「究極のライフ・スタイル」は現実的には、その地域の環境にあわせて多少修正されなければなりません。その際にも、農耕以前の半自然史文化におけるライフ・スタイルは非常に参考になります。例えば、日本は温帯気候ではありますが、厳密な意味では適応環境ではありません。そのような環境におけるライフ・スタイルは必然的に「究極のライフ・スタイル」に多少修正を加えたものになります。日本における半自然史文化は縄文人にみられますから、日本人にとっての究極のライフ・スタイルを考えるうえで非常に参考になるのです。

農耕が始まるとともに、自然史文化・半自然史文化は縮小され、その代わりに**社会史文化**が発達することになります。社会史文化の形成は、現代西洋文明以前にすでに始まっていたことです。エジプト文明の例を挙げるまでもなく、古代国家は世界中の至るところで発生しました。その世界は、西洋型資本主義ではなくても、権力を中心とした社会構造、**権力原理**が成り立つ世界でした。もちろん、権力は農耕とともに発達したのです。このような人々の生活についてどのように調査しても、人類にとっての理想の状態は浮かび上がってきません。民族学・人類学の調査は、その調査対象の文化がどのような文化状態であるか、つまり、自然史文化か半自然史文化か社会史文化かを考慮すべきなのです。

人間の寿命は二百歳

多くのアメリカ原住民の部族が、昔は人々は二百年以上生きたと語っています。本当にそうでしょうか？　彼らが嘘をついているとは思えません。もし本当なら、人間の遺伝子にはそのような能力が秘められているということになります。もちろん、その当時の環境は地球の大気組成（特に二酸化炭素の割合など）が大きく違っていることも予想されますから、現在の地球上で二百年も生きることは不可能かもしれません。けれども、百年以上生きることはそんなに難しいことではないと思われます。アメリカ原住民たちのこのような発言に対して、「科学的な」立場をとる学者たちは、「二百歳」というのは単に「長寿」を意味しているだけだと反論するでしょう。アメリカ原住民は百と二百の区別ができるはずはないという考え方です。もちろん、数に疎い民族・部族も多いでしょう。その反対に、現代人よりも日常の数には敏感な民族・部族も多いことでしょう。アメリカ原住民は無知ではありません。

もう一つの根拠は、実際に現代でも百歳を過ぎて元気に生き続けている人は世界的にみればかなり多いという事実です。これらの人々はよぼよぼで何とか生きながらえているのではなく、元気に生きているのです。料理を楽しむ人はもとより、水泳を楽しむ人すらいます。これらの人々を例外として片付けるわけにはいきません。これらの人々は民族・部族として物理的に集合しているわけではありませんが、このような人々が実際にいるというのですから、人間の遺伝子プログラムには百歳以上元気に生きる可能性が秘められていると考えられるのです。サルにどのような生活環境を与えても、百歳以上生きることはできないのですから。

低カロリー食研究の分野からもこの結論は支持されています。低カロリー食が寿命を延ばすことは、哺乳類だけでなく・昆虫なども含めたすべての動物界の生き物にあてはまることがわかっています。ですから、現時点では人間での確実なデータはないとはいえ、その結果はそのまま人間にもあてはまると考えられます。そうすると、低カロリー食では、一般食の寿命の二倍近く長生きしますから、単純計算で人間の寿命は、低カロリー食を実行した場合、百五十歳から百六十歳くらいなのではないかと推測されます。

これらの事実は、少なくとも人類が出現した直後の適応環境においては、遺伝子の力が十分に発揮された結果、かなりの人々が百歳以上あるいは二百歳までも生きたという推論の根拠になります。さらに、現在の地球が始まって以来の人工的な環境の中ででも百年以上も生きている人がかなりいるという事実は、適応環境ではかなりの割合の人々が百年以上かもっと長く元気に生活したことを示唆しているのです。

このようなことを総合して考えると、長寿として知られているコーカサス地方の人々や沖縄の人々は本当はあまり長寿ではないと結論できます。コーカサス地方の人々を調査した学者は「寒くて標高の高い地方こそ健康的である」と主張し、沖縄の人々を調査した学者は「暖かい地方こそ健康的だ」と唱えがちです。このような混乱が起こるのは、コーカサス地方や沖縄の人々が本当の意味では長寿ではないことに大きな原因があるのです。

人類学・考古学の年齢測定は誤り

現在の考古学では、遺跡から出る骨を現代人のものと比較することによってその人骨の持ち主の死亡年齢を推測しています。その結果、正統派の人類学・考古学では、古代人あるいは原始人たちはかなりの短命であったと結論されています。農耕以前の「栄養の黄金期」においては、骨は究めて健康であるのに、寿命は短かったという結果が出てしまいます。大きな矛盾を生じているわけです。この矛盾は正統派の人類学・考古学では、うやむやにされてきました。

この矛盾は、「老人骨」を定義するときに、現代人の骨を使用することに原因があるのです。現代人は年齢が増すとともに「不健康」な状態へと陥っていきます。そして、死ぬときには骨だけでなく、身体すべてがぼろぼろになっています。よぼよぼになって何とか生きながらえながら死んでいくのが現代人の死に方です。つまり、現代人の「老人骨」は「不健康骨」であるわけです。

一方、本当に健康な人は、必ずしも年齢とともに不健康になっていくわけではありません。健康な状態で年をとっていくのです。つまり、健康な人の骨は百歳になっても現代人の「老人骨」にはならないのです。よぼよぼになって何とか生きながらえながら死んでいくことは、健康人では起こりません。**健康人は元気に生きて、パタッと死にます。**これが本来の死に方です。これは人間に限ったことではなく、ほぼすべての生物にみられる現象です。もし、動けないような状態で何とか生きながらえても、生命体としてそもそも生存の意味がないのですから、自然界はそのような不健康老動物の存在を許すわけはありません。自然界は合理的に出来ているのです。言い換えると、比較的元気に生きて急に安らかに死を迎えることが、自然史的な死に方なのです。その反対に、現代ではよぼよぼになってだんだんと死んでいきます。ですから、これらの二種類の骨を簡単に比較して年齢を推測すること自体に無理があるのです。

以下に樋口清之著『日本食物史――食生活の歴史』（柴田書店）から引用してみます。縄文時代の日本人に関する記述ですが、化石人骨の骨は全体的に縄文人と同じ様な傾向がありますから、一般化できる記述です。寿命の問題に注意しながら読んでください。縄文人でもかなりの健康体であったのですから、進化したばかりの適応環境に住む人々は心身ともに相当に強靭であったことがわかります。

この島国に棲息し、繁茂する動植物のうち食べ得るもの一通りを採取し食糧とした自然食時代の人びとは、体質が極めて強壮な健康体であって、自然の中に雄々しく生きのびる自然人であった。（中略）各地の貝塚から出土した多数の人骨を検討してみると、栄養の偏在や病変の痕跡をとどめるものはほとんどなく（中略）、むしろ現代人より強壮な体質であったことが判るのである。特に骨の発達はよく、頭蓋骨の厚さが現代人の三倍もあり、骨格の発達が優秀であったことが知られる。つまり彼らはわれわれの考えるほど栄養の偏在は多くなく（中略）ほぼ完全に近い食生活を続けていたことが推定できるのである。（中略）しかし予想に反し彼らは概して短命で、老人骨の発見は驚くほど少ない。

繰り返しますが・発掘される骨に老人のものがほとんどないのは、石器時代の人々が健康に年をとった反面、現代人はボロボロの状態で年をとるのが普通だからです。その結果、百歳の縄文人の骨でも、四十歳の現代人の骨と似ていることになり、年齢判定は大きく狂ってしまいます。

縄文人が短命なのは病気のせいではないかという説もありますが、まったくのナンセンスです。医学と病気の歴史を掘り下げてみれば、そのようなことは考えられません。外傷以外、ほとんどすべての病気は文明が作り出したものです。病気は、人間が遺伝子適応環境から逸脱した環境に住んだときに生じるものであることは、第二章でも述べた通りです。遺伝子適応環境では、稀な遺伝病以外はほとんどありませんから、現代と比較してかなり適応環境に近い環境で暮らしていた縄文人にはほとんど病気はあり得なかったはずです。これもヒトに限ったことではなく、野生状態で病死ばかりしている動物種などは存在しません。人類の歴史上、病気の蔓延は人口密度の増加と関係があります。

医学の歴史や権力構造について深く考えてみたことがない考古学者や人類学者たちの中には、「現代医学は人類の寿命の延長に貢献した」と信じて疑わない人が多いと思われます。そのためか、「現代人の寿命は古代人よりも長いはずだ」と無意識のうちに仮定してしまいます。けれども、真実はそうではありません。現代医学は完全な治癒を目指すのではなく、病気を抑制する薬を使います。そのため、一時的には回復に向かうようにみえますが、長期的にみるとむしろ病気と老化を促進していることが、多くの研究から指摘されています。ですから、前項でも指摘した通り、現代人の方が寿命が短いことの方が十分に考えられることです。これだけでは納得のいかない方は、現代医学について『ガン代替療法のすべて』（三一書房）と『ホメオパシー医学への招待』（フレグランスジャーナル社）を参照してください。

このようなことを総合的に考えると、**適応環境ではヒトの寿命は少なくとも百歳以上、もしかしたら二百歳近いかもしれない**と結論できるのです。

子どもの行動から自然史食を推測する

ここでは、子どもの行動について自然史の視点から考えてみます。子どもはまだ社会的影響をあまり受けていませんから、子どもの行動は比較的自然史的なもののはずです。さらに、子どもの行動は直接的に食行動と結び付いていると考えられます。つまり、子どもの行動から自然史文化について推測することはある程度は可能なのです。

生後の脳の発達は細胞の増加によるものではなく、各々の脳細胞自体の発達や脳細胞のあいだのコミュニケーションの方法の発達によります。専門的に言うと、機能的シナプス（神経細胞同士の接続部）の形成です。生後の脳の発達には、三歳まで、五、六歳、十歳前後にそれぞれピークがあります。そして、十歳前後のピークを最後に基本的な発達は終わってしまいます。

もちろん、その後も脳はそれこそ毎日の情報を処理するために一刻一刻と小さな変化を積み上げていきます。

このような脳の発達段階を、子どもの行動様式と関連させて考えてみましょう。小学一年生の子どもでは、少なくとも解剖学的にはもう大人の脳にほぼ近い脳を持っているとはいえ、現代社会の常識というものをほぼまったく心得てはいません。小学校はおろか、大学生になっても現代社会の常識を完全には習得することはまだできません。「社会人」としてごく普通に行動できるようになるには、非常に長い時間がかかるわけです。それは、「社会人」になるべき教育が人間の脳の発達とはまったくかけ離れている証拠ではないでしょうか。同じように、たくさん勉強をして、医者や弁護士になるのにも、非常に長い時間がかかります。これも、自然史的に言って、人間の脳にとってもともと不得意の分野であるからに他なりません。

一方、小学一年生の子どもは、どのような能力を備えているでしょうか。自然とふれあうことが大好きだった私は小さい頃よく母といっしょに近くの小さな山へ出かけました。その際、いろいろな昆虫や植物を「発見」しては、母を驚かせていました。母には見えないものが、私にはよく見えたのです。あるいは、母は社会化することによって、私に比べると自然に対する興味を失ってしまっていたといってもいいでしょう。昆虫や植物に対する興味は、私は特に強く持っていましたが、ほとんどの小学生は多かれ少なかれ、持っていることと思います。夏休みの課題では昆虫採集や植物採集の研究などが今でも主流です。そして、そのような興味・関心は、現代社会では何も役に立たないことを知っている親や先生によってそのうちにもみ消されてしまうわけです。

いずれにしても、解剖学的な脳の発達のピークの時に、子どもの昆虫や植物への関心もほぼピークを迎えると言えるのではないでしょうか。これは、まさに人間の脳が自然への関心を最大限に発揮するようにつくられているとする私の考え方を裏付けることになります。もちろん、原始の時代にはほとんど自然しかなかったのですから、自然界に大きな興味を抱くように脳が発達するのは当然の帰結です。

そして、昆虫や植物は人間にとって身近な世界であったと同時に食料でもあったことは間違いありません。食料の問題を除いても、実際に子どもにあまり社会教育を与えないと、少なくとも自然環境の豊かな場所においては、自然界と会話のできる心の豊かな子どもになることは多くの人が認めるでしょう。さらに、いわゆる「霊能力」や「超能力」を発達させる場合すらあります。

一方、出世を目指した社会教育を徹底しようとすると、非行に走る少年少女が増加するのは当然のことです。子どもたちにとって、現代の教育とは、自分の感じ方をいかに抑え込んで社会に適応するかという方法をマスターすることに他なりません。非常に苦しいわけです。以前紹介したように、この過程を社会思想家イリイチは学校化と呼んで強く批判をしています。そのような状況にある発達段階の子どもたちに対する教育問題を、自然史的に言うと「異常」として育った有名大学出身の人々から構成される政府機関などが解決できるわけがありません。根本的な原因がわかっていないのですから。

子どもの行動からヒントを得ることと同じように、他の動物の行動からも多少のヒントは得られるでしょう。野生動物は病気になると、特定の植物を食べることが知られています。これはハーブ療法の起源だと考えることができます。ただし、生物種が違えば治療法も異なってくることは十分考えられます。同じ人間でも、人によって治療法が大きく異なってくることもあるのですから、動物の治療行動から適切な治療法を見出すことには限界があるでしょう。

ハーバリズムは自然史文化の代表

自然史的に適応環境で暮らしていた人類たちは、あまりにも原始的で、文化程度の低い人たちだと私たち現代人はすぐに思ってしまいます。本当にそうなのでしょうか。

おそらく、事実はそうではありません。もちろん、ヒトへと進化したばかりの頃はあまり文化を持っていなかったかもしれません。けれども現在のヒトが出現してからおそらく五百万年もの歳月が流れています。現代文明が発達したのは二千年、古代文明でも五千年前です。それまで人類は五百万年もの間、文化的に何もなかったわけはありません。ある程度ヒトの出現に必然的にある種の文化が出現し、発達したに違いないのです。霊長類学によれば、ニホンザルにでも原始的な文化があるのですから。このような古い文化、適応環境での生活から必然的に生まれてきた文化を**自然史文化**と呼びます。

では、自然史文化とは具体的にはどのような文化でしょうか。

自然史文化は狩猟・採集に関する知識がかなり多かったことが想像できます。どのような場所でいつ、どのように、何を食料として得ることができるかという具体的な知識です。私たち現代人が自然環境に放り出された場合、何を食べることができるのか、どのように生きていったらよいのか、まったく途方に暮れます。このような現代人に完全に欠けている、**広義での自然との交流のための文化**を自然史文化と定義することもできます。これは、自然史思想の第三原理の応用にすぎません。

自然史文化は、食料のための知識に留まりません。住居作りや道具作り、自然界との精神的なかかわりに関するもの、神話や逸話など、現代人からは考えることができない文化を持っていたのではないでしょうか。例えば、星の動き、動植物の生態、地形に関する情報なども含まれます。特に彼らの精神世界は私たちのそれとはまったくかけ離れていたに違いありません。同じ森を歩いたとしても、自然史文化に生きる人と現代社会に染まった人とでは、見えるものから感じるものまで、まったく違っていたことでしょう。

また、自然史人は食料にはほとんど苦労しなかったことを考えると、むしろ、かなり「遊び」の知識が多かったことでしょう。医学的な知識もかなり進んでいたに違いありません。

「外傷の場合はどの草の汁が効く」とか、「下痢の場合はどのような物を食べればよい」などといった、日常的なセルフ・ケアに関する知識です。つまり、現代風にいうと、基本的には**ハーバリズム**になります。

ハーブは「**ハーブ療法**」にとどまらず、もっと日常的にも幅広く使用されていました。いや、ハーバリズムを本来「医学」や「治療法」と定義するのは誤りで、本当は植物を使った日常生活全体あるいは精神世界全体のことを指します。病気の治療はハーバリズムの一部です。現代では「麻薬」といわれているハーブも、精神世界を広げるための儀式などに用いられたことでしょう。そして、彼らは精神世界を通して植物や動物と話ができるようになると言います。アメリカ原住民は、文字通り、植物と話ができると主張しています。その科学的真偽は別としても、彼らが主観的にそう感じていることは疑い得ないのです。

私はハーバリズムこそは現代に残る数少ない精神的な自然史文化だと確信しています。けれども、現在紹介されているハーブ学ではその真髄が曲げられたものがほとんどなので非常に残念です。物質面ばかりに注目して、精神面を軽視しているからです。現在ではハーブをティーやティンクチャー（チンキ）として飲用するのが普通です。これらの方法は必ずしも自然史的であるとは言えませんが、全体としてハーバリズムはかなり自然史的であることは確かです。このような理由で、飲用として、コーヒーや紅茶・日本茶の代わりに刺激性の少ない穏やかなハーブティーを勧めます。もちろん、ミネラルウォーターもよい飲み物です。

主観の重要性：アメリカ原住民の神話・伝説と精神世界

自然史文化の例として、アメリカ原住民の神話・伝説について考えてみましょう。アメリカ原住民は、適応環境に暮らしているわけではありませんから、厳密には彼らの文化は半自然史文化ですが、それでも、自然史文化について考える際に多くの示唆を与えてくれます。

アメリカ原住民は西洋人がアメリカ大陸へと進出してくるまで、例外もありますが、基本的には大きな古代国家や部族統一は行いませんでした。その結果、つい最近まで、アメリカ大陸には多くの少数部族が散在していました。世界中至るところで「統一」という権力構造が出現した中、彼らはそのような方向には動かなかったのです。多くの学者たちはアメリカ原住民が「遅れていたから」だとしてこの問題を片付けてしまいますが、私はそうは思いません。アメリカ原住民は権力が出現しないような精神世界を持っていたのです。もっとはっきり言うと、彼らは努力してでも、そのような統一を避けてきたと考えられるのです。そのことだけ考えても、いかにアメリカ原住民が権力よりも自然を愛していたか、そして彼らの生活には適応環境に関するヒントが隠れているかもしれないことが示唆されるのです。

アメリカ原住民の口伝えにおいても、現在知られているものは西洋人研究者の間違った解釈と理解不足によって歪められてしまったものが多いと考えられます。その中で、アメリカ原住民を代弁して西洋文化を鋭く批判しているバイン・デロリア・ジュニア教授の著作は本当にアメリカ原住民の心を理解できる者の立場から書かれている名著です。

彼によれば、アメリカ原住民や他の少数部族は、西洋人によって征服・虐殺・破壊を受けるまでは、口伝えの話は昔起こったことのただの情報だけではなく、その部族の鳥、動物、植物、地形、宗教的経験などの詳細な生きた知識として重要な役割を果たしてきました。たとえある部族の天地創造の神話が隣の部族のものと完全に異なっていたとしても、彼らはそのことを憂えることはありません。それぞれの部族はそれぞれの部族に特有な関係を、宇宙を司っている精神・霊的世界との間に持っていると信じているからです。つまり、自分たちの主観にこそ、自分たちにとっての真実があると信じています。

「自分にとっての真実」は「他人にとっての真実」とは異なるものです。真実は一つではないのです。なぜなら、自分が自分であって他人でない限り、「唯一の真実」を別々の人が同じように感じることができるわけがないからです。「感じる」「考える」ときには個人個人の心・脳を使わなければならないのですから。これは客観的に「真実は一つである」とする西洋人の考え方とはまったく異なったものです。そして、「客観」を重視する考え方は社会史文化とともにごく最近になって発達したことも、それがいかに人工的なものであるかを示唆しています。

自分を取り巻く世界と関わる場合に、このかなり主観的な立場の重要性は強調しても強調しすぎることはありません。このような主観的な自然とのかかわりこそ、自然史思想全体の目指すものであることをここで指摘しておきます。これは自然史思想の第三原理を言い換えたものですが、主観性は自然史的態度の基礎と言ってもいいでしょう。人間はどんなにもがいても主観的な世界から脱することはできません。私はあなたにはなれないし、あなたは私にはなれません。そして、それが人間としてこの自然界に生まれてきた宿命でもあるし、その個人独自の自由でもあるわけです。このような精神世界を持つアメリカ原住民は、かなり自然史的な生活をしていたはずです。もちろん、気候条件や立地などが適応環境とは異なる部族も多いので、一概には言えませんが。また、悲しいことに、現在ではこのような精神世界を持つアメリカ原住民はほとんど絶滅したのではないかと思います。

精神世界を強調する部族の記憶は、決して断片的なものの寄せ集めではなく、「経験に基づく蒸留された記憶」であると言えます。あるアメリカ原住民はこう言います。「このような話が本当に起こったことかどうか、私は知らない。けれど、考えれば考えるほど、それが真実であることがわかるのです。」

知識というのは、アメリカ原住民にとっては生きた知識でなければ意味がありません。部族では知識が心や体の一部となっているのです。一方、現代では知識は社会的所有物になっていますが、ほとんどの人はその一部しか持っていないので、実際には社会的所有物としての知識は死んだ知識となっています。現在の私たちは文明社会がなければ生きていくすべさえわからなくなるほど、生きた生活の知識はほとんど残っていません。

さらに重要な点は、口承はそれを伝えている人にとって話を勝手に変える利点は何もないことです。経済的に得にならないことはもちろん、もし別の人が勝手に変えたことを悟ったら、伝承者として軽蔑されてしまう可能性すらあります。そればかりではありません。生きた生活の知識は、人々の生活や精神世界にすぐにでもかかわってくる可能性があるのです。もし間違った話によって部族の人々を惑わせてしまったら、その部族を生活の危機に陥れてしまいかねません。自分の信用だけでなく、自分の生活にも危機を招かないとも限りません。実際、あるアメリカ原住民では、「ヒーラー」（治療家）が病人の治療に失敗すると、そのヒーラーは部族から破門になることが知られています。このような生活のかかった状況では、口伝えの情報とそれを取り巻く精神世界は、ほぼ不変の状態で、あるいは改善される形で何万年も語り伝えられることができるのです。

これに対して、現代社会ではどうでしょうか。現在の科学界でも、研究者の信用というのは非常に重要です。ですから、できるだけ間違った主張をしないようにと、科学者は学問の世界では比較的慎重です。しかし、科学者が一度大学や研究所を出て一般大衆へと科学の解説をするときやマスコミに答えるとき、また政府への助言をするときなど、彼らは「可能性」という言葉を使って、完全な嘘をつきます。その結果、「ガンの治療薬開発！」などという新聞記事が何十年間も出続けながらも、ガンはいっこうに治らないことになっているわけです。これは、何十年間も科学者が嘘をついている証拠だといえます。もちろん、これはどちらかというと意図的ではなく、無意識というか、社会権力に関する無知のために行われていることなので、科学者ばかりを責めるわけにはいきません。その根本原因は、現代社会の仕組みそのものにあるのですから。このことについては『ガン代替療法のすべて』(三一書房)で論じました。

知識の絶対量は現代社会と比べて部族の方が少ないかもしれませんが、生活のための生きた知識に関しては、部族の方が圧倒的に多いだけでなく、質そのものも違っています。それは彼らが生きた自然の中の一部として、生きた世界の観察者かつ主体としての知識を持っているからです。科学においては、知識は主体としてではなく、客観であることが重要であることになっています。これには物理学の量子論、日本が世界に誇る霊長類学、精神世界の解釈をめざす民俗学や一部の人類学の場合のように多少の例外があるとはいえ、また、科学者個人の判断においては主観が重要な役割を果たすとはいえ、部族の主観とは根本的にそして質的に異なるものです。

アメリカ原住民はすべてのものがつながりを持っていて、有機的な精神世界を持っているのです。そのうえで初めて、自然環境において食物を発見したり、方向を決定できたり、天候を読んだり、ある種の予言や自然の操作といった一般的に超自然能力と言われているものまでも身につけることができます。これはアメリカ原住民に限ったことではなく、どの部族にも多かれ少なかれ見られることなのです。

第七章　自然史思想の性質

論理から無意識へ

これまでの議論で、自然史思想について、その全体像がつかめてきたと思います。ここで、もう一度、客観的に自然史思想の性質を分析し、その実践的目標を明らかにします。新たな視点が得られ、理解をより深めることができるはずです。

自然史思想は一般論

自然史思想の性質についていくつか注意点を指摘しておきます。まず最初に、自然史思想はヒトという種全体についての一般論であることに注意してください。個人個人についての各論ではありません。これらの議論が、即、読者ひとりひとりの状況に応用できるわけではありません。「個人中心主義」に「個人」という言葉を使われていることは誤解を招きやすいので注意してください。個人中心主義も人間全体のレベルで議論している一般論です。ですから、自然史の主張はあくまでヒトという種全体の話をしているときに正しいものであって、種内の個人レベルの話には直接あてはまるとは限りません。読者の方は、一般論を理解したあとに、一般論にそって自分にとって何が最もよいかという各論を自分なりに考える必要があります。自然史の思想は一般論であって、個人にあてはめる時には個人の歴史や現状などを大いに考慮する必要があることを心に留めておいてください。

「はじめに」で紹介した**自然史思想の基本仮説**に立ち返って、自然史思想の一般論としての性質について考えてみましょう。「自然史思想において、人間は一般に適応環境において最も健康に暮らしていたのであるから、個人の健康の達成のためには、そこからヒントを得ることができるはずである」。

ただし、この言明は厳密に実験的に証明されたわけではありませんから、科学的な立場として判断するならば、これはあくまで「仮説」であり、科学的事実ではありません。

では、これを科学的に証明するためにはどうすればよいのでしょうか。いや、その証明そのものは不可能なほど大きな仮説です。科学では、証明できない仮説は意味がありません。ですから、**自然史思想は科学ではない**のです。それは思想なのです。科学であってはなりません。ここでは、是非、「科学でなければ価値がない」という判断基準を捨て去ってください。科学という虚構に汚染された価値観を捨て去ることができなければ、科学の対象となりうる限られた事実だけに注目して悲惨な人生をおくらなければならなくなります。人生は科学では計り得ない非科学的存在ですから。

自然史思想はメカニズムは問わない

自然史思想は一般論であると同時に、あくまで思想であって、それは論理的ではあるけれども、科学ではないことを強調しておきます。科学ではないということは、その論理の各段階のメカニズムを気にしないということです。ある程度マクロな階層で自然界を見ていると言ってもよいし、形而上学的だと言ってもよいでしょう。

自然史思想では遺伝子進化という言葉がよく使われます。そして、序章(2)で説明したように現代進化生物学の知識をその根拠としています。しかし、できあがった自然史思想そのものには進化のメカニズムは必要ではありません。進化という事実さえ受け入れればよいのであって、進化のメカニズム自体は自然史の思想ではまったく気にされません。進化のメカニズムを気にしないのですから、遺伝子の変化のメカニズムも、突然変異であれウイルス感染であれ、まったく気にしません。

もっと押し進めると、実は遺伝子自体の存在すら、気にしなくてもよいのです。ただ、遺伝子というものの変化によって人間の進化が起こったと考えたほうが、現代生物学の知識と合致するため、少なくとも私自身には大変わかりやすいため、そのような議論をしているにすぎません。遺伝子でなくて、細胞全体でもよいし、個体全体でもよいのです。これは階層原理に反するように思われるかもしれませんが、そうではなく、単に議論をわかりやすくするための過程にすぎません。「人間が進化によってある特殊な環境に適応した」ということさえ正しければ、遺伝子などは忘れてしまっても結構です。遺伝子はただの議論の媒体にすぎないのですから。この点、前項で紹介した「利己的遺伝子」の理論などと自然史思想はまったく異なっていることがわかるでしょう。

また、自然史の思想には「進化」という条件すら、必ずしも必要ではないことはすでに述べた通りです。例えば、ある民族宗教においては、ある神が人間を創造したとしましょう。これは進化ではなく創造ですが、この神が、「人間に最適な環境」とともに人間をつくってくれたのなら、自然史思想はやはり完全に成り立ちます。この場合、「人間は進化のたまもの」ではなくて「神がつくったもの」であり、「遺伝子進化における適応環境」ではなくて「神が与えてくれた最適な環境」というように議論は多少、修正されますが、人間がつくられた当時、最も住みやすい環境とともに存在したのならば、自然史の思想はそのまま成り立ちます。「人類の誕生当時の環境が最も人類に適していた」のなら、それは自然史思想とほぼ同じになります。実際、豊かで温暖な気候に住む多くの民族の人間創造の神話では、創造の当初から人間に豊かな環境を与えてくれているのです。

ですから、先史時代や原始・未開民族では、それぞれ自然史思想に類似した考え方があると言えることになります。多くの人たちにとってはごく普通の考え方であったのです。自然史の思想は、現代科学のデータをちょっと拝借した現代版の自然神話であって、多くの民族神話の焼き直しにすぎません。

人類の単一性・多様性

ただし、多くの民族神話と決定的に異なる点もあります。それは、人類は地球上のある一箇所で誕生したという大前提です。その後、人類は地球上に広まっていったのです。地球上のいろいろな場所で種分化を成し遂げたのではありません。また、人類は遺伝的にかなり均一であることから、人類は発生後、何らかの理由で数が激減し、現在の人間はすべてある少数の集団から派生したとも考えられています。この**人類の単一起源説**は、現代科学の一般常識的な知識ですが、自然史思想では必須なものとなっています。遺伝子適応環境は、理論的にはすべての人々にとってたったひとつであることになるからです。

人類の単一性が強調される一方、人類は形態学的・生理学的に非常に多様性に富んでいることも、日常の観察から考えて否定できません。人種・民族によって顔や背格好はかなり違います。そのような考え方を基盤として人間論を展開することも、もちろん可能です。ホメオパシー医学は、まさに、個人の治療という大目標に向かうために、人間の多様性に注目して論を展開していきます。

ですから、真の人間像に迫るには、集団を対象として考える場合は単一性から、個人を対象として考える場合には多様性から迫るのが、正当な方法であると思われるのです。どちらかが絶対的に正しいというわけではありません。議論の対象となる階層のレベルが少し異なっているだけです。そして、集団的人間像（単一性）と個人的人間像（多様性）のどちらも相互に無視することなく、それぞれの特徴と限界を認識しつつ、統合・融合する形で論理を進めなければ、真の人間像は浮かび上がってはこないでしょう。

自然史思想は、集団としての人類の共通性から真実に迫る考え方です。それは一般論を目指しているからです。しかし、最終的な実践においては、個人としての多様性を十分考慮しつつつ、そして、現実との妥協線を明確にしつつ、フィーリングやイメージを強化することで直感的に行動すべきことを肝に銘じておく必要があります。

反自然史的な思想

一方、自然史の思想がまったく排除されてしまう神を持つ神話も存在します。自然環境の非常に厳しい場所に生活している民族では、人間の創造の神話において、神は人間に「最適な環境」を与えてはくれませんでした。

砂漠に住むユダヤ人では、神は人間に努力して環境を変えていくことを指示しました。そういう考えがなければ、その民族は生きてゆけないのですから。神は非常に厳しい存在であり、神はただ一人となってしまいます。ほとんどの民族は多神教や汎神教であることと考えあわせると、これは非常に特殊な宗教だと言わざるをえません。

このような反自然史的な宗教は、人間が進化の適応環境からかなりはずれた過酷な生活条件になったときにはじめて発生すると思われます。ここに「自然は征服するものである」という価値観が生まれます。そして、この反自然史的な宗教はユダヤ教からキリスト教やイスラム教に引き継がれ、現代資本主義と現代科学の成立に大きく貢献することになります。現代的価値観はすべてこの西洋の反自然史的な宗教に端を発しているのです。

そして、自然との調和ではなく、自然の改良を目指してきた西洋社会は、現在、地球規模の環境破壊を進行中です。今こそ、民族・原始神話の現代版ともいえる自然史思想が必要であることはいうまでもありません。素晴らしい思想家であったルソーですら、そのようなキリスト教の力には気付いていませんでした。それには十九世紀後半の偉大な社会学者マックス・ウェーバーの出現までおあずけとなります。

キリスト教では、神は自分の姿を真似て人間をつくり、それ以外の自然を人間のために与えました。つまり、人間以外の自然は、すべて人間によって搾取されるべきものであり、搾取することこそ神の意に沿うことであると教えます。この意味で、キリスト教はしばし「人間中心主義」という言葉を用います。これは非常に反自然的な思想です。

キリスト教の神が世界を創造した場合は、自然史の思想は破綻してしまいます。また、キリスト教の「人間中心主義」と自然史思想の「個人中心主義」は、ちょっと言葉が似てはいますが、まったく異なった概念であることに注意してください。自然史思想は本質的に人間中心ですが、それは適応環境においてのみ本当に達成されるものであり、自然界の一部という前提があっての「中心」であることを忘れてはなりません。われわれが人間中心と述べるのは、われわれが人間であるからです。適応環境を前提とした上で、すべての種がその種を中心に考えることは、当然のことです。ですから、個人中心主義を高いところから鳥瞰《ちょうかん》すると、「中心」が無数にあることになります。

自然史思想は主観を重視する

自然史思想の特徴として、人間の主観を重視するという立場があります。多くの人類によって主観的に感じられることが真実であるという立場です。例えば、以前にも述べたように、霊的現象は主観として人類に存在するため、それは重要な人類の感じ方であると考えるのです。つまり、人類の主観の在り方を客観化して捉えているわけです。

同じような例として、**ハーバリズム**と植物学があります。ハーバリズムは人間と植物の主観的な関係の総体です。これはすべての民族・部族に存在したものです。西洋でも、もちろん、十八世紀までは日常のものでした。けれども、西洋の植物学者リンネが科学的な分類法を導入したことを契機として、ハーバリズムは一気に廃れてしまいました。リンネとは、序章(2)で紹介した、あのリンネです。

では、植物学は真実で、ハーバリズムは誤りなのでしょうか。確かに、人間性を滅却したものを求めるのなら、植物学のほうが正しいでしょう。しかし、われわれは人間です。人間性を滅却した世界など、真の人間が感じるべき世界ではないはずです。われわれが人間である限り、多くの人々が主観として感じている世界こそ、人間的な真実ではないでしょうか。それが、まさに自然史思想の考え方なのです。つまり、自然の歴史の中で適応環境における人間中心世界を求める自然史思想にとっては、植物学は誤りであり、ハーバリズムこそが真実となります。

ある有名な西洋の哲学者は、真実には二種類あると言っています。「科学的な客観的真実」と「個人の経験としての主観的真実」です。しかし、真実はもう一つあります。「多くの人々が主観として感じていることの客観的評価としての真実」です。この第三の真実こそ、人類学者は例外として、西洋の哲学者そして西洋社会全体が見落としてきたことです。人類の幸福と健康のための思想として最も重要な真実なのです。それが、自然史思想の立場なのです。その立場は、自然史食事学にも貫かれています。

思想とフィーリングの共存を目指す

自然史思想の結論は「適応環境における人類の生活様式を理想とすること」です。これ自体は難しい概念ではありませんが、それに行き着くまでは、それなりに時間と労力を使いました。

しかし、適応環境において人類はそれほど論理的な思考を巡らさなかったことは火を見るよりも明らかでしょう。すべてが理想状態として与えられていたのですから。私たちがこの考え方に到達するためには、現在の社会生活に疑問を抱き、真剣に考えることからはじめなければなりませんでした。私たちと自然史人とは、状況が正反対なのです。

自然史人と同じところに行き着くためには、現代に生きるわれわれには生きる指針が必要です。そのような指針を自然史思想が与えてくれます。しかし、理想は「考えること」ではなく、「感じること」でなければなりません。自然史人は、ほとんど感じることで生きていたといっても過言ではないでしょう。

ですから、自然史思想の実行の末には、自然史思想などは忘れてしまって、感じることを中心に生きることが求められるのです。論理から無意識への展開です。矛盾するようですが、それは現代生活が理想からかけ離れていることが原因となっている避けがたいことなのです。

そのためには、自分にとっての理想的な生き方をできるだけイメージとして頭の中に構成しておき、そのイメージに従って、そのときそのときにおけるフィーリングで判断を下すことが望まれます。これを私は**イメージ法**と呼んでいます。

自然史思想の原理のまとめ

そろそろ、ここまでの要点をまとめてみましょう。自然史思想には三つの原理があります。しかし、それらは並列的な関係にあるのではなく、第一原理から第二原理が、第二原理から第三原理が導かれます。

第一原理：人間は自然の歴史（自然史）のたまもの

第二原理：人間は心身ともに遺伝子適応環境に最も適応している

第三原理：人間の遺伝子と脳は環境との相互作用で成り立つ個人中心主義

この三つの基本原理は、単なる仮説ではなく、（矛盾するようですが）一義的には進化生物学から導かれる真実であり、他の学問分野の知識を総合的に検討することによって具体化される真実です。今後いかに科学が発達しようとも、どのような思想が発達しようとも、この三つの基本原理は決して真実性を失うことはないと確信しています。自然史思想の三つの基本原理は、永遠の真理として常に成り立つのです。ここに到達するまでに、これまで長々と議論してきましたが、自然史思想の基礎となる基本原理は、ある意味では当然のことであり、これ自体、さして難しい概念ではありません。

しかし、この易しい概念をいかに自分のフィーリングやイメージとして植えつけることができるか、そこが現代人にとっては最も難しいステップとなるでしょう。

第八章　人類の病因論

社会レベルの病気と治療

ここでは、自然史思想の視点から現在の人類社会の病について歴史的に分析します。このことが自然史思想の実践の基盤を与えてくれます。序章(1)でも概観しましたが、この章では、現代社会自体あるいは現代人全体の病みの原因を過去に遡って考えます。社会全体・人類全体の「病気」とその治療法について考察します。

病める現代人

人間の病気の根本的な原因を還元論的に一言で表現することは難しいことです。遺伝的な素因もありますし、環境的な素因もあります。そのようなものが総合した結果として、個人の存在状態が形成され、健康であったり、病気であったりするのです。ですから、時にはある人が病んでいるかどうかを判断することすら、必ずしも容易ではありません。

この点について、ホメオパシー医学の生みの親であるサミュエル・ハーネマンは次のような名言を残しています。「病気の人は存在するが、病気というものは存在しない」。特に医療従事者の立場から考えると、本当に素晴らしい言葉です。この言葉の素晴らしさを実感したい方には、ケントの名著『ホメオパシー医学哲学講義』(緑風出版)をお勧めします。

ただし、病気という概念は論理展開のために便利なので、ここでも度々使用しています。もちろん、ある人が自分は不幸であると思っている場合、その人は精神的に不健康であると言えます。

また、身体に不調を感じる場合、その人は不健康であると言えるでしょう。あるいは、必ずしも身体に不調も感じないし、そんなに不幸にも感じないけれども、体内でガン細胞が猛威を振るっている場合も考えられます。その場合、体内の細胞が戦争状態にあり、遂には自己をも破壊してしまう結果を招きます。

人間にとって精神こそが最も重要なものであるなら、少なくとも主観的に個人の幸福度を調べることはできます。どの国、どの地域の人を対象とするかで、結果は大きく異なるでしょう。けれども、現在、真の意味で人生を幸福に謳歌している人々は、この地上に何人いるというのでしょうか。そのような人がいたとしても、理論的には、他の人々の搾取の上に成り立っているのですから、それは本質的な幸福とは言えません。序章(1)でも展開しましたが、現代人の病はいったいどこから来るのか、それを追究することから、自然史思想がはじまったのです。

現代病の根源としての現代社会

では、社会レベルで現代社会の健康度を考えてみるとどうなるでしょうか。地球上のいたるところで戦火が消えたことはありません。欧米をはじめとした先進資本主義国が発展途上国を搾取することで利潤をあげるという経済体制は、コロンブス以来、まったく変わっていません。人間の文化的・社会的多様性はここ一世紀間でまったく失われてしまい、国際社会という名のもとに文化的画一化が進行し、留まるところがありません。情報化社会という言葉のため、世界が多様化しているという思い込みはないでしょうか。地球上に存在する絶対的情報量は激減しており、情報の入手しやすさが劇的に向上したにすぎないのです。

このようなわけで、たとえ個人レベルで幸福そうな人が少数ながらいたとしても、社会レベルではかなり病んでいると結論しなければなりません。現在の平和が資本主義のおかげであるという見解を持つ人々は、残念ながら、意外に多いように思えます。それは、ソビエト連邦をはじめとした社会主義国と対比したときの話にすぎません。特に経済成長を唯一の生きがいとする「高度経済成長」時代の人々はそのような考え方にとらわれているようです。商品があふれかえる社会が理想だとするわけです。

本当にそうでしょうか。商品にあふれかえる社会が成立するのは、どこかで環境や人々を搾取しているからに他なりません。それは端的にいえば、第三世界の搾取です。この搾取なしでは、現在の資本主義国はまったく成立できません。

また、高度資本主義社会に限らず、人類が農耕を始めたときから、権力というものが発生しました。農耕により富を蓄えることができるようになり、貧富の差ができるようになったのです。現代社会も、農耕の発明以来の弥生時代の社会と基本的に同じ原理のもとに動いているのです。私はこれを**権力原理**と呼び、社会史社会の大きな特徴として位置づけています。

いずれにしても、現在、多くの生活習慣病や精神障害に悩まされる不幸な人々が歴史的にみても非常に多い社会であることは認めなければなりません。そして、その社会病の要因がどこからきたのか、それを病因論として探っていくことが必須となるのです。

社会学的無知に陥らないために

毎日のニュースを聞いていれば、以上のようなことを当然だと考える人も多いと思いますが、ここでわざわざこのような話をしたのは、「現代社会は病気である」という前提のもとに、その病気の原因を過去に求めて探っていきたいからです。これが自然史思想を探求する原動力であったことは、前にもお話しました。

現代社会は価値観の上でも混乱の極みです。現代ではかなりのインテリとされている人々から、「現代社会こそ素晴らしい社会だ」とか「現代の文化的発展こそ、人類の英知の勝利だ」などという発言がなされることも多く、社会思想の混乱の元凶となっています。そのような発言をする人々は、現代社会の権力に操られている人々であり、真の意味での人々の幸福と健康について考えてみたこともない人々です。彼らは、たとえば、ノーベル賞受賞者であったり、何々大臣であったりしますが、そのような社会的権力の「しもべ」となっている人は、社会学的視点をまったく持ち合わせていません。ノーベル物理学賞受賞者は、物理学ばかりに励んできたからこそ（そして、他の学問分野は無視してきたからこそ）、ノーベル賞受賞に至ったのであり、社会学や社会思想など、学んだことすらないはずです。そのような「偉い人々」の専門外の発言には耳を傾けてはなりません。私は彼らのような人々あるいは精神状態を**社会学的無知**

と呼んでいます。

権力原理のもとに展開される現代社会では、多くの権威に社会学的無知が付随してくることになります。権威・権力のある学者や大臣はもとより、マスコミ関係者は、一見社会のことをよく知っているようにも思えますが、雑学的な知識に終始することが多く、社会学的な知識を活用できる人はほんの一握りだけです。その結果、マスコミは社会を悪い方向に扇動し、その責任を負うことはありません。社会におけるマスコミの功罪については、ロバート・K・マートンのマスコミ論に示されています。科学とキリスト教の関連を指摘した、あのマートンです。

人類の病因論：時間軸の重要性

病因論とは、その名の通り、病気の原因を探る論理です。

しかし、「病気の原因」と一口に言っても、様々なレベルの解答があるでしょう。現代医学では、病気の原因は細胞や分子にあるとします。環境や生活習慣にあるとする考え方もあります。あるいは、原因は社会にあるという主張もありますし、それとは反対に個人内部にあるという主張もあります。

そのような主張のうち、どれがどのように正しいか誤っているかは、ここでは論じません。

けれども、そのすべてに共通なことがあります。現在の結果の原因は過去にあるということです。何かの結果があるところには時間的に遡って原因があると考えるのが正当です。これを因果律と言います。

大変微小な量子の世界ではこの因果律が破られ、確率としてしか知覚されない世界になりますが、私たちの日常の世界について論じている限り、因果律は成り立つと考えて支障はありません。ですから、ある病気の人がいる場合、その原因を過去に求めることは正当なことです。これが病因論です。

現在の状況は、時間をかけて過去の状態が地層のように積み重なっていったものです。ですから、治癒は、その逆の過程、つまり、時間を遡るように昔の症状を経験しながら行われると考えられます。上部の層から順番にはがしていかなければなりません。これが慢性疾患の唯一の治癒への道であるとホメオパシー医学は説きます。また、現在の病状となってしまったのはいつからであるか、そのきっかけを知ることは、ホメオパシーの治療を行ううえで非常に大切なヒントを与えてくれます。

これと同じようなことが、社会システムにもいえます。現在の社会問題は時間をかけて歴史の結果として形成されてきたことは言うまでもありません。地層のように問題は積みあがっているわけです。いったい歴史上何がその問題の大きなきっかけとなったのかを知ることは、「社会の治癒」に結びつくヒントを与えてくれると考えられます。これが社会の病因論です。

社会学的な視点からの人類の病因論：社会史病因論

現代の社会問題については、様々な角度から様々な人々が論じていますが、真に論理的な社会の成り立ちを考えることから始めなければ、問題の核心に迫ることはできないでしょう。社会の成り立ちを論理的に考察する学問分野といえば、それは社会学です。

社会学は二十世紀初頭に確立されました。その創始者の一人がマックス・ウェーバーです。彼は社会学を創造し、その礎をつくりあげただけでなく、多くの人々から人類の歴史上、最も偉大な社会学者であると評されています。物理学でのアイザック・ニュートン、生物学でのチャールズ・ダーウィン、化学でのライナス・ポーリング、ホメオパシー医学でのサミュエル・ハーネマンのような立場を確立しています。

ウェーバーは社会学を科学的な学問分野として確立することを目指しました。ですから、社会学自体の目標は人類の幸福や平和ではなく、実際に「真実を知ること」自体にあります。社会学は社会の真実を知ることが目標であって、社会改革や社会改善は二の次になります。これはどの純粋な学問分野でも同じことです。

しかし、ウェーバーの著作を読むと、研究の背後にはそのような社会改革的な思想と理想の社会を描き出そうという意気込みが隠されていたように思えます。私は、個人的には、人類社会に光を当ててくれる、最も平和・幸福に貢献する可能性を秘めた文献は、結果的にはウェーバーの『プロテスタンティズムの倫理と資本主義の精神』ではないかと確信しています。つまり、人類社会の病因論を展開する際に、最も重要な概念を与えてくれるのです。そこで、以下に、ウェーバーの力を借りて、社会史病因論を展開したいと思います。もちろん、このような病因論は一種の還元論ですから、すべての病因を少数の因子に還元する際に他の多くの重要な要因を落としている可能性もあります。しかし、還元論はその限界と適応範囲を認知している限り、最も有効な学問的方法であることは、歴史が証明していることです。

資本主義の由来はキリスト教

現代社会が地球規模で崩壊に向かっていることは疑いの余地はありません。そして、その直接的な原因は環境破壊と人口過剰であると言ってもよいでしょう。では、この環境破壊と人口過剰は、人類社会の歴史のどの時点から起こってきたことなのでしょうか。

それは明らかに、産業革命後の近代資本主義の成立に端を発しています。それ以前は、地球規模の産業は皆無で、古代文明の盛衰はあったものの、それ以外はすべて地域社会に根ざした経済体制でした。そのような地域社会経済では、地域の環境資源を利用しつつも、決して環境を破壊しない、バランスのとれた生活がなされてきたのです。

現在の社会病は資本主義のたまものですから、その資本主義はどこから来たのかを知ることが必要です。マルクスは資本主義の仕組みを分析し、それが物質生産を基礎としていることを見抜きました。つまり、経済という点に着目したわけです。そして人間の歴史は経済システムの変遷としてとらえることができ、その中で資本主義経済は過渡期であると位置づけました。その後に社会主義・共産主義の社会が来ることを「予言」したわけです。

マルクスの考え方では、物質生産システムの変遷はある種必然性をもって歴史的に進行していきますが、それだけでは、その変遷の本当の原動力は見えてきません。

それに解答を与えたのがウェーバーです。彼によると、現在の資本主義の勃興は、プロテスタンティズムの精神に負うところが大きいのです。プロテスタントの倫理観はそれ以前のキリスト教の形、カトリックの倫理観と大きく異なっていました。

プロテスタンティズムでは、職業は神から与えられた天職であると考えられています。天職をひたすらまっとうしようとする努力の結果として利潤が得られるとされます。禁欲して労働に励むことこそが、神の教えに従うことであるわけです。このような精神的革命が利潤を追求する近代資本主義の成立に重要な役割を果たしたとウェーバーは論じます。とはいえ、プロテスタントの倫理の基礎となったのはカトリックであることは間違いありません。実はウェーバーは間違っており、カトリシズムの下でも近代資本主義社会が成立したという事例研究がありますす。社会の病因論を展開するうえではどちらでも構いません。いずれもキリスト教です。

ですから、資本主義の由来はキリスト教の発生と布教にまで時間を遡ることができるのです。そして、キリスト教はユダヤ教への反発として作られますから、ユダヤ教にまで病因論を辿ることができます。

ユダヤ教の発生要因は過酷な砂漠環境

キリスト教とユダヤ教は一神論の宗教であり、世界的にみて非常に特殊な立場にあることが知られています。ほとんどの宗教は多神論なのです。古代の宗教としてはユダヤ教の一神論に近いものは、二神論であるゾロアスター教にみられるくらいです。しかも、ユダヤ教はキリスト教よりも徹底した、反自然思想です。

多神教と一神教の大きな違いは何でしょうか。多神教では、マジカリティー（魔術性）あるいはスピリット（カミ）は至るところに存在します。そして、それがほとんどの地球人の感じる宗教心です。その日常的な宗教心の源泉であるマジカリティーをある一箇所の神に集合させてしまったものが一神教です。つまり、日常のマジカリティーは見かけのものであり、それは不思議でもなんでもなく、論理的に説明できるものであると説きます。さらに、根源的に不思議なものはその根底を操る絶対神なのであるというのが、一神教の主張なのです。一神教では絶対神の意図が自然界の事象（天体の動きや生物の種多様性など）に体現されていると説きますから、科学的データを集めて分析することによって神の声が聞けると信じる人々が現われることになります。これについては序章(2)で説明しました。つまり一神教は、「感じる」ことから「考えること」への移行を余儀なくさせる可能性を秘めています。

では、なぜユダヤの地にだけ、このような特殊な宗教が生まれたのでしょうか。その絶対的な答えは誰にもわかりません。しかし、ユダヤの地は非常に過酷な自然環境であったからだというのがその答えの一つとなります。ユダヤの地に天変地異が起こり、砂漠化したのが絶対神の発生に関与したのではないかという説を序章(1)で紹介しました。また、絶対神の由来となる高神の存在についても、序章(1)で紹介しました。

病気は文化とともに

第一章でも触れたように、良かれ悪しかれ偉大な思想家であったカール・マルクスは、人類の社会の歴史を物の受け渡し（経済）という視点、つまり唯物論を用いて分析しました。しかし、それが唯一絶対的な分析方法ではないでしょう。実際、ある歴史学者によると、人類の社会の歴史を動かしてきた最も重要な要因は二つあると言われています。戦争と病気です。

伝染病を制御できるようになったのは、二十世紀に入ってからのことです。それは衛生状態の改善によってもたらされました。医療や医学の発達のためではないことを念を押して指摘しておきます。特に上下水道の完備、水洗トイレの完備は、劇的に都市の衛生状態を改善しました。それ以前の世界には下水道も浄化槽もなかったのですから、街は異臭に包まれていました。排泄物を道端に投げ捨てていたのですから。現代人が一番健康のような錯覚に陥っている人も多いようですが、真実はそうではありません。現代人には生活習慣病と一般に呼ばれているガンや心臓病があとを絶ちません。

人類の病気との戦いは、人類が農耕を始めた直後から始まります。農耕がはじまると、農耕のための人手を増やすために人口を増やすようになります。集落が形成され、農作物という形での富の集中が起こります。遂には都市国家となります。そのような状態は、適応環境における人口密度の低い生活とはかなり異なりますから、病気が流行るようになるのです。

そして、農耕以前は、あまり病気はなかったのです。もちろん、それでも多少はあったと思われます。特にあまり生活に適さない寒冷地や砂漠地帯などに移動した場合、病気は顕著だったと思われます。では、人類が遺伝子適応環境に進化したばかりの自然史状態ではどうだったのでしょうか。ほとんど病気はなかったはずです。それが進化の性質そのものでもあります。ほとんど病気がないような状態であるからこそ（あるいは、ほとんど病気が起こらないような遺伝子組成を確立したからこそ）、新種の形成が成り立つのですから。適切な環境におかれていながらも病気で苦しんでいるばかりの動物種など、まったく聞いたことがありません。そのようなものは自然選択によってすぐに滅びてしまうはずです。

つまり、病気というのはほとんど文化とともに発展してきたという歴史があるのです。もちろん、戦争という人類社会の最悪の病気状態も、文化の発展の結果として発生することは言うまでもありません。そして、ここで言う「文化」とは、農耕以後に発生する社会史文化であることに注意してください。それ以前のもの、特に適応環境下における文化を自然史文化と呼んで区別していることは前にもお話ししました。

社会史文化の必然性は適応環境からの逸脱のため

では、なぜ人類は社会史文化を発展させたのでしょうか。それは、ユダヤ人が苛酷な砂漠で暮らしたように、適応環境からかなりかけ離れた環境下で生活するようになったからだと考えられます。そのような環境には遺伝的には適応していませんから、社会史文化を通して、その環境に適応しなければならないでしょう。

ですから、人類が適応環境から離れれば離れるほど、社会史文化による適応に迫られるわけです。例えば、適応環境のように食料が豊富ではない環境において、生存のために農耕は必須だったのかもしれません。そうでなければ、苦労して農耕をする理由はないように思えます。この時点が、自然史（厳密には半自然史）と社会史との分け目になります。

しかし、わざわざ適応環境から大きくかけ離れた場所に暮らす必然性はあったのでしょうか。つまり、分布の拡散の問題です。序章(1)では、天変地異説を唱えましたが、ここではこの問題には、人間以外の生物による分布拡散からヒントを得て考察してみます。

生物の種の分布の拡散について一般論として言えることは、生物はその遺伝子適応環境から離れてはその異端の場所で死滅するという行為を繰り返し行うことです。例えば、台湾にしか分布していない蝶は、台風に乗って「迷蝶」として、八重山諸島、時には九州や本州にまでも飛来します。稀に数世代残すこともありますが、多くの場合、迷蝶は次の世代を残すことなく、絶滅します。しかし、ごく稀には、その新しい土地に定着してしまうこともあるのです。そして、ごくごく稀には、進化して別の種となり、その地に遺伝的に適応してしまうわけです。つまり、拡散した個体に幸福が訪れることは稀ですが、新しい進化のきっかけを作ることになります。

遺伝子は自己中心主義であることを考えてみてください。ある生物種（つまり遺伝子群）が分布を広げるには、遺伝子適応環境を逸脱する必要があります。しかし、遺伝子適応環境を逸脱することは、とりもなおさず、病気の発生と、極端な場合には死をも意味します。気候変動によって遺伝子適応環境に似た環境が広がらなければ、その種の遺伝子はある一定以上の数の子孫を残すことができなくなります。なぜなら、分布を広げてしまうと病気や死を意味し、病気や死を乗り越えるためには、遺伝子自体を変えてしまわなければならないからです。それが、生物の多様性が見られる理由の一つですが、遺伝子の変化をできるだけ小さくして別の環境へ対応できるようにしなければ、そもそも自己増殖過程としての分布拡散は意味がなくなってしまいます。このような分布拡散による進化の促進は、その個体の幸福とは無関係に、生物であることの避けられない運命であるのです。迷蝶の場合も、特に好んで台湾から八重山諸島へと飛来したのではなく、偶然、台風に巻き込まれて飛来したわけです。そのような偶然性は、長い目で見ると、ある程度必然として、自然の歴史のうえで避けられないことです。

当然、ヒトという生物種にも、このような分布拡大の傾向は内蔵されていたはずです。ところが、人間の場合は、遺伝子進化ではなく、文化の発達によって、悪い環境に適応するように努力してきました。偶然にも、「別の目的」で得られた脳が、非適応環境におけるサバイバルのための文化の創出に用いられるようになりました。イヌイット（エスキモー）のように、遂には極寒のアラスカにも住めるようになったのです。しかし、遺伝子は遺伝子適応環境を求めているままです。人間はそのようなオールマイティーな身体自体を持っているのではなく、オールマイティーな脳を持っているだけであることには、議論の余地はないでしょう。

その結果、ユダヤの地のような過酷な環境条件において、厳しい戒律を定めて生活する人々が登場することになります。その延長上に、キリスト教の発生があり、ひいては資本主義の発生となるのです。

このように考えると、ホモ・サピエンスという生物種は、あまりに大脳が発達してしまったお陰で、遺伝子を変えずして、自分の種の繁栄を地上にもたらした種であるといえます。これは遺伝子にとっては非常に好都合であり、一見すると「理想的な種」であるともいえます。けれども、それは短期的に見た場合の話です。個人にとっては、不幸を招き、さらに長期的に見れば、遺伝子にとっても不幸な状況であるはずです。その意味で、人間はすでに自然史の中で不幸へと邁進する道を踏み出していたのです！

しかし、人間だけが爆発的な遺伝子の繁栄を見ているわけではありません。例えば、ある種の細菌や昆虫は、地球上のほとんどどの地域でも見られます。アリやハエの分布の広さについて考えてみてください。このような広範囲分布種は現在の人間をもってしても、まったく太刀打ちできないほど遺伝子の保存という意味で繁栄しているのですから。人間は脳という道具を使い、ハエは分解者という生態学的ニッチを選ぶことができる遺伝子の組み合わせによって、世界中のあらゆる地域に分布をひろげることができました。その方法は異なってはいても、生物種の分布拡散という意味では同じことです。

しかし、地球環境は有限です。分布を無限に広げることはできません。では、そのような種は、過剰状態になると、どのような結果になるのでしょうか。生息環境が悪化するためにやはり病気が蔓延してしまい、過剰状態が緩和されます。伝染病です。しかし、それだけではありません。驚くべきことに、なんと、他殺や自殺が増えるのです！　それはあたかも、種の遺伝子を保持し、集団に対する損傷を最小限にするために、多少の個人をあらかじめ犠牲にしているように思えます。

社会的な病気と破壊は避けられない

大変残念な結論になってしまいました。つまり、人類は自然史の中ですでに極悪な社会状態、極悪な健康状態へ必然的に邁進し、準備をはじめていたことになるからです。これがある程度の必然である限り、どのように社会改善を目指しても、もはや自然史状態のような平和と幸福で満ちた社会は実現できない可能性があると結論しなければなりません。

現代社会の政策は全体としてあまりにも対処療法的です。また、歴史の層は軽く見積もっても二千年以上にわたって山積していますから、その層を一層ずつはがしていくことは非常に困難でしょう。人類社会は治癒不可能の段階に陥っているのかもしれません。

ある人類学者は人類の未来に関して、大変客観的で、かつ絶望的な結論を提示しています。熱帯雨林の消失に伴い、天変地異がいつかやってくることを予想しています。そして、そのとき、資本主義経済は簡単にだめになり、ほとんどの人類は死んでしまうというストーリーです。それは直感的にも納得できることです。

遺伝子適応環境からの逸脱は遺伝子も脳も意図していないのですから、人間という生物種は、存在矛盾を抱えていると言わなければなりません。なぜなら、遺伝子を変えないで新しい悪環境への適応戦略として大脳を悪用することは（「大脳を正当に使うこと」は考えることではありません。「感じること」です）、短期間で分布を広げることに大変好都合ですが、自分自身の存在環境を否定することによって、身体に無理をきたすことが避けられなくなるということです。遺伝子適応環境からの逸脱は、遺伝子も脳も意図していないため、真の幸福は達成できないということになります。それでも分布を広げようとするのがすべての生物のサガです。

生物界全体の自然史として考えれば、ある種の生物が世界中に分布を広げ、繁栄したにもかかわらず、その後絶滅の一途をたどった例は決して珍しくありません。最も有名なのが、恐竜の大絶滅です。その原因が天変地異であっても、内在性のものであっても、それはどちらでもよいことです。ヒトの運命も恐竜の運命を追従するのでしょうか。

自然史医学という概念

ホリスティック医学という考え方が提出されて、もうかなりになります。現代医学は個人全体を診るのではなく、病変組織だけに注目し、多くの失敗を重ねてきました。その反省として、患者個人全体を診るべきだというポリシーを掲げて打ち立てられたのが、ホリスティック医学です。代替療法という言葉も定着してきました。私は、ホリスティック医学は、人間を丸のまま捉えようという素晴らしい考え方を持っていると思っていますが、その方法論や哲学的・思想的・論理的基盤は、あまりしっかりしたものではないと感じています。

その意味で、そのような基盤をしっかりと持つ、ホリスティック医学の元祖とも言えるホメオパシー医学を日本に紹介できたことは、大変意義のあることだったと思います。ホリスティックという言葉こそは使っていませんが、ホメオパシーは、すべての情報を総合して人間像を作り上げるという、まさにホリスティックな医学です。自分の著書の宣伝ばかりで心苦しいのですが、『ホメオパシー医学への招待』（フレグランスジャーナル社）では、ホメオパシー医学の本質をうまく紹介できたと思います。

自然史思想の広義の医学への応用を**自然史医学**と呼んでもよいでしょう。自然史医学はホメオパシーを否定するものではありません。自然史思想は、ホメオパシーとは異なった人間の面からアプローチするのです。自然史医学では、人間のすべての情報を駆使することはありません。多様性への対応が、ホメオパシーよりもずっと甘いのです。しかし、自然史医学は、それでよい、いや、それが最も良いと主張するのです。その目的は、理想の癒しを行う方法論とその基礎となる考え方を提供することです。

自然史医学はナチュロパシー（自然医学）とどう違うのかと問われるかもしれません。本質的に異なるのは、「自然」の定義でしょう。自然史医学では自然史思想として人間にとっての「自然」を定義することから出発します。結果あるいは臨床的な実践方法としては自然史医学と自然医学がもし同じになるのならば、それは好ましいことだと思います。

私は、真の治癒について、以下のような見解を持っています。

真の治癒は、何らかの方法によって自然史状態を擬似することによってのみ発揮される（**自然史医学の基本原理**）。そのための様々な方法が存在するが、究極の形は行動療法、食事療法、ハーブ療法および感覚運動療法である。

その背後には思想の転換が必須である。なぜなら、自然史人の心の状態を自分の中に少しでも再現できなければ、人間としての完全治癒は望めないからである。もちろん、症状の軽減はそれなしでも可能ではある。

堅苦しいことを書きましたが、ここまで自然史思想を理解してくれた読者にとっては、別段に難しいことではありません。自然史医学の基本原理は、自然史思想の基本仮説の医学への応用にすぎません。何らかの形で遺伝子適応環境を再現することによって治癒が得られると述べているにすぎないのですから。

科学技術では解決不可能だが、地域社会の強化による部分的解決は可能

現代社会問題について議論すると、「きっと科学技術という人類の英知によって解決できる

だろう」という楽天家がかなり多いことに気づきます。しかし、そのような人々は科学信仰の人ばかりです。これまでにも、人類は科学の力を使って様々な問題を解決してきたと彼らは信じています。

本当にそうでしょうか。私はその点について、非常に悲観的な見解を持っています。人類社会全体として、科学技術が平和と幸福をもたらしたことはありません。一時的・一部的な幸福と平和はもたらされたでしょうが、それは非常に微視的なもので、地球の別の部分と未来にそのしわ寄せがきているのです。環境破壊、核兵器、現代病、南北問題など、決して解決されることのない、永遠の難題をつくり上げてしまった原因は、科学技術そのものにあることを、皆、認めるべきでしょう。

しかし、自分の幸せをまったくあきらめてしまうのは時期尚早です。今までの議論は、人類社会全体を平均化して一般論として論じてきました。

実際には、個人はいろいろな場所に平均化して分布しているのではありません。ある地域のみ微視的に見れば、遺伝子適応環境にかなり近い状態の自然環境が残されている場所もあるでしょうし、そこにかなり少ない数の人々しか存在しないような理想的環境が存在することは疑いありません。ある程度の小さな地域や島であるならば、ある程度の閉鎖系を作り、そのなかだけで平和と幸福の再現は可能なはずです。そして、それが社会全体にどのように広がるかは、努力次第である可能性はあるのです。つまり、ここで提案されるのは、**地域社会からの改**

善です。

実際、資本主義社会の到来以前は、地域社会での平和は比較的良く保たれてきたのです。しかも、閉鎖的でかつ遺伝子適応環境に近いほど平和な状態が保たれてきたと考えられるのです。

この先進資本主義国日本でも、五十年ほど前までは、このような地域が点々とではありますが、かなり存在していたのです。いや、例えば沖縄の島々には、現在でも、そのような地域が少なからず残されていることを、昨今、実感しています。これは、先ほどの論理の正しさを立証していると言ってもよいでしょう。

自然史・社会史を通した病因論の結論は、第一に、残念ながら**地球規模の平和は非常に達成しにくい**ということです。この結論は間違っていてほしいと願わずにはいられませんが、論理的に正しいと思われます。

第二に、**限られた範囲の地域社会においては、かなり理想的な平和と幸福は達成できる**ということです。そして、限られた範囲の地域社会の草の根運動以外には社会改革の道はないということです。それは、社会運動家にしてみれば、当然のことで、いちいち議論するまでもないことでしょう。しかし、平和と幸福が国会議事堂から始まることはほぼ絶対にありえないことは、誰もが知っているべきです。原因ではなく、結果として国会まで行くことはあるでしょうが。

環境破壊という悪

現代はストレス社会とも言われています。それは人工的な環境からくるストレスです。ストレスとは、遺伝子適応環境からどれくらい逸脱しているかによって定義することができます。化学物質、食物、自然環境のなさ、さらには人間関係からくる過剰なストレスなど、適応環境からの逸脱は、あらゆる面で人間を襲います。適応環境に近付ける努力をしない限り、ストレスの根本原因は取り除けませんから、現代病は一向になくならないでしょう。

現代社会の問題を自然史思想の立場から一言で表わせば、それは環境破壊になります。自然史思想の第二原理である個人中心主義は環境中心主義と同義であることを考えれば、環境破壊の深刻さが分かると思います。環境破壊は自己の存在の破壊に直結するのですから。

環境破壊は、人類の社会史文化の発展と表裏一体です。また、それは人類が適応環境以外にも分布を広げた結果でもありますから、人口過剰が問題の根源であるという言い方もできるでしょう。

このような、真の社会医学あるいは社会史病因論に基づいて医学の歴史を眺めてみると、人類の社会の歴史は、ある程度必然的に悲惨な状態へと突入してしまったと言えると思います。そして、自然史思想の発展のもとに、その根本原因は文明自体にあることがわかったのです。

本当に冷静に社会現象や環境破壊について分析し、それに基づいて未来を予測してみると、人類が近い将来、破滅してしまうことは避けられません。これは悲しいことですが、私は自然史思想の普及と社会改善に最後の望みをかけています。

そして、その治癒の過程がもし始まったとしても、それは一朝一夕にできることではありません。もしかしたら、人類は治癒不可能な状態まで、悪化してしまっており、自然史思想にできることは、病気の「緩和」にすぎないのかもしれません。

第九章　自然史思想を実行に移す

これまで、自然史思想の理論的基礎と社会の病因論について語ってきました。では、過去に存在した人類のユートピア、適応環境を頭において、具体的にはどのようにすれば幸福を達成できるのでしょうか。

自然史思想の第二原理を具現化する

これまでに、人類は適応環境において最高に幸福・健康を享受できることを示しました。このユートピアは決して想像上の産物ではなく、現代進化生物学の基盤のもとに、リアリティーのあるものとして本書で具現化するように努めてきました。しかし、適応環境は、過去に存在したユートピアであり、理想の状態にすぎません。われわれは遥か昔にユートピアを旅立ったのですから、厳密な意味では、もう後戻りはできないのです。

そのような現実を踏まえ、「ではどうすればよいのか」について真剣に考えてみなければなりません。第一章で紹介したように、過去に、ルソーは、妥協案として『社会契約論』を発表しました。マルクスは社会主義、共産主義への革命を提言しました。二十一世紀の自然史思想においても、何かの妥協案が提示できない限り、机上の空論という批判を免れることはできません。

妥協案の提示は、様々な具体的な事項を考慮する必要がありますから、ここでそのすべてを詳細に論じることはできません。生活の食事面については、かなり具体的な解決案を『自然史食事学』（春秋社）および『本物の自然食をつくる』（春秋社）で提示しましたので、そちらを参考にしてください。また、医学・医療面については、紙面を改めて『自然史医学』として熟考する必要があるかもしれません。

ここでは、生活面全体に関する重要事項を指摘したいと思います。

地域環境の改善と自分の主観の大切さ

病気にまではならないにしても、生活に幸福が得られない場合は、その人の生活スタイルの何かが間違っているでしょう。その根本には劣悪な社会という枠組みがあるのですから、根本的に治療するには、社会の改善が必要なことは言うまでもありません。けれども、現実問題として、社会の大きな枠組みを変えることは少なくとも今すぐは不可能です。

一方、前章でも述べたように、もっとミクロな環境は、その気になりさえすれば、ある程度いくらでも変えることが可能です。地域社会の改善を目指すこと、職場の環境をより自然なものにすること、住環境を整えることなどです。特に住環境については、自然住宅を田舎に建てて引っ越すことなどが現実的なオプションとしてあるでしょう。かく言う私自身も、そのオプションを実行しています。その他の例としては、地域社会への貢献として、草の根平和運動、有機栽培、自然保護、環境運動などが考えられます。

ただし、「地域社会の改善」が偽善的な行為である必然性はありません。自然史思想の第三原理を思い出してください。人間は、個人中心主義なのです。あまりにも自分の身の回りと直接関係のないことに理性的偽善のために積極的に参加しても、空虚感が募るだけです。とにかく、自分中心に考えてください。いや、素直に自分の感情を読み取ってください。すべてはそこから始まります。自分の主観を大切にすることの重要性を、自然史思想は教えてくれます。日本人には、自分の感情を理性で押さえ込むことを美徳としてきた歴史があります。これは、非常に良くないことです。主観を大切にし、自分の体の声を聞くことによって、自然史的な方向性が得られるのです。

繰り返しますが、人間は環境との相互作用で成り立つ個人中心主義を貫くべきです。これは裏返せば、適切な環境に身を置く必要性を説いています。余剰の自然があるところに居住することを勧めます。人間は身の回りの環境に非常に大きく左右されるものです。病気の治療も、心の治療も、すべてはあなたが落ち着く場所から始まるのです。あなたにとっての「適応環境」を見つけてください。周りに誰も住んでいない原野の中ではなく、適切な近所づきあいもあり、かつ、余剰の自然があり、社会的圧力からできるだけ逃れられるような環境が現代人には適しています。

それは自分なりの妥協線を見出したものでよいのです。たとえば、われわれ現代人が社会人として生きていくうえで、都会の生活をまったく切り離してしまうのは極端すぎて勧められません。現代では、むしろ田舎の人々のほうが、自然の価値を自覚していない場合も多いからです。田舎のゆっくりとした時間の流れも、都会の便利さも享受できるような、現代の理想的環境を探してみてください。

生活のリズムを整える

理想の環境を見つけたら、そこで自由に生活することを試みてください。「自由に生活する」とは、他人に縛られず、自分の時間をふんだんに持つことです。それが、生活のリズムを整えることにつながります。一言で言えば、「暇な状態」ですね。ぼーっとする時間を積極的につくることです。たとえば、あなたにはゆっくりと青い空を見上げる時間と心の余裕がありますか。はいと答えられる人はほとんどいないでしょう。それくらいの時間的・精神的余裕がなければ、自分の感覚世界を構築することはできません。自分の体が発する微妙な内性感覚も、忙しさにまぎれて感じることができなくなってしまいます。とにかく自分の時間が必要です。忙しい毎日を送っていたら、すべては破棄へと向かいます。じっくりと長い間青空を見上げる時間や鳥の声に耳を澄ます時間を確保したいものです。

五感だけでなく、内性感覚も含めて、感覚を使って自分の感覚世界を構築しましょう。自分の内的世界への旅をすることです。現代の魔女が行う儀式にも似ています。

そのような時間が確保できたら、必ずや満足な睡眠時間を確保できることでしょう。それは健康への重要なステップです。そして、食事にも本当においしいものを求める心の余裕ができるようになります。まるで、これは堕落論のようですね。そうです。あくせく働く現代人には、適切な堕落が必要なのです。

けれども、人間はずっとごろごろしてはいられないものです。すぐに体を動かしたくなります。十分な運動こそ、次に重要な要素でしょう。広い環境があれば言うまでもありません。歩く、走る、踊る、唄う、泳ぐなど、球技ではない基本的な運動を行うのが良いでしょう。特に水泳は、人間の適応環境において必須の「種目」でしたから、大いに勧められます。その他、操体やヨーガなど、微妙な体の動きに注目する時間も欲しいものです。

そして、大いに遊びましょう。インドアでなくアウトドアを謳歌しましょう。海と山と川で遊ぶことはもちろん、農作業や園芸などでもよいでしょう。シュノーケリングなどのマリンスポーツ、昆虫採集、植物採集、釣り、登山、キャンプ、星空観察、口承、ハーブ（クラフトから治療まで）などです。ただし、重装備を必要とするスキューバ・ダイビングは人工度が高いため勧められません。高圧酸素を呼吸に用いるために、身体の生理的機能が侵されてしまうという事実は、意外に知られていません。

病気になったら

病気になったら、自然史人はどうしたでしょうか。自然史人はほとんど病気にはならなかったでしょうが、万が一病気になることもあったでしょう。自然史文化には、現代医学の薬はありません。もちろん、ホメオパシーのレメディーもありません。そもそも、医者はいないのですから。シャーマンすら、存在しません。あるのは豊かな自然環境だけです。この点については大滝百合子著の『本物の自然療法』（フレグランスジャーナル社）にすべての答えが描かれています。

病気は、「休む必要があるよ」という身体からのアドバイスまたは警告です。この感覚に耳を傾けなければ、回復は望めません。病気は友達として暖かく迎え入れるという心が、現代人にも必要でしょう。そのうえで、第一段階としては、特別なことは何もせず、とにかく心身を休めてください。できるだけ自然の中に身をおき、身の回りの自然と心を通じさせるようにリラックスしてください。そして、痛みを我慢しないようにして、発散させてください。人目を気にするようなことは禁物です。できれば、病気の時には、愛する人の側にいて、お互いの愛情を確認することも必要でしょう。

そして、あえて何かを使うとしたら、あなたと心の通じる身の回りのハーブを使ってください。ハーブといっても、格別に特別なものではいけません。ただの雑草である必要があります。例えば、タンポポやヒヨコグサなど、近くに住んでいて心が通じ合う草（ハーブ）が適切です。心が通じないハーブでは、改善は望めません。ハーブの心を感じ取ることは究極の薬として働きます。さらに、操体法をはじめとした感覚運動療法を取り入れてみてください。

このように、特別なことというよりも、日常的な世界でこのような生き方をしていることが望まれるのです。あまり難しいことではないはずですが、病気になったからといって急にできることではないことは明白でしょう。日頃からの心構えが必要なのです。逆に、日頃からの心構えがしっかりしていれば、病気にもなりにくく、たとえ病気になったとしても、回復は容易です。

ここまで述べたことは、すべてセルフ・ケア（自己治療）で達成できます。というよりも、セルフ・ケアでしか達成できません。医者は不要です。実際、社会全体としても、医者が不要な社会が理想ですが、現実的には医者の存在が不可欠な場合もあります。その場合、医者がいるとしたら、それは老齢な人であるべきです。「おばあちゃんの知恵」として多くの経験を持つ「**ワイズ・ウーマン（賢女）**」こそが、理想的な存在なのです。

現代社会では、真のワイズ・ウーマンはほとんど絶滅してしまっています。ワイズ・ウーマンは資本主義の成立とともに医者という男性的な職業にとってかわられてしまいました。バンダナ・シバの著作『バイオパイラシー』に則して考えると、それは医学という権力による文化の略奪行為（パイラシー）そのものです。その妥協案として、医療ハーバリストやホメオパシーの医者のアドバイスを聞くことは、ある程度意義のあることでしょう。

補章(1)　自然史思想のまとめ

自然史思想の定義

自然史思想とは、自然界は長い進化の歴史のたまものであるという事実を重視する世界観あるいは概念である。

自然史思想の目的

第一目的：個人の幸福と健康の達成
第二目的：個人の幸福と健康を基礎とした健全な社会の達成

自然史思想の基本仮説

遺伝子適応環境に暮らす自然史人の生活を見習うことによってのみ、真の健康と幸福を達成することができる。

自然史思想の基本原理

第一原理：人間は自然の歴史（自然史）のたまもの
第二原理：人間は心身ともに遺伝子適応環境に最も適応している
第三原理：人間の遺伝子と脳は環境との相互作用で成り立つ個人中心主義（主観性は自然史

的態度の基礎）

自然史食事学の基本原理

人間にとって理想的な食事とは、遺伝子適応環境における自然史人の食事である。

自然史医学の基本原理

真の治癒は、何らかの方法によって自然史状態を擬似することによってのみ発揮される。そのための様々な方法が存在するが、究極の形は行動療法、食事療法、ハーブ療法および感覚運動療法である。

遺伝子適応環境

人類の遺伝子適応環境は、アクア説に基づく「暖かい緑豊かな海辺」である。

補章⑵　自然史思想のキーワード

アクア説（一一〇頁、一六二頁）

人類の進化は海辺で起こったとする説。比較動物生理学によると、人類にみられる様々な「独特の」特徴は、海辺で生活している他の動物と比較すると一般的に広くみられることを根拠にしている。人類進化を理知的に説明できる現存する唯一の説。アクア説によると、人類の遺伝子適応環境は海辺であることになる。

遺伝子進化（九七頁、一〇三頁）

集団の中の遺伝子構成の変化にともなう進化。一般に進化において、自然選択は個体の表現型に対して起こるが、最終的に子孫に伝えられるのはその表現型に関連している遺伝子であり、遺伝子の集団内での変化を基礎として進化が成立する。その意味で、進化は遺伝子のレベルに作用するといえる。そのことを強調して「遺伝子」進化と呼ぶ。しかし、進化は遺伝子レベルだけでなく、細胞レベル、組織レベル、個体レベル、集団レベルなど、すべてのレベルで作用していると解釈することもできるため、自然史思想では「遺伝子進化」は絶対的な必要条件ではない。さらに、自然史思想にとって生物学的な進化自体も必要条件ではない。自然史思想に必要なのは、人類が誕生したときに最適な自然環境に恵まれていたということだけである。

遺伝子適応環境（一四頁、三〇頁、一〇四頁、一〇七頁、一〇八頁、一六八頁）

ある生物（自然史思想では現生人類）が生物種として出現した（種分化した）ときには、その生物の遺伝子構成（ゲノム）はその出現のきっかけとなった環境に最も適応していると考えられる。その環境をその生物の遺伝子適応環境と言う。生態学的ニッチあるいは棲み分けを遺伝子進化の視点から捕えたものとも言える。人間の遺伝子適応環境を明らかにすれば、人間の遺伝子がどのような環境そして食べ物に最も適しているかがわかる。人間の遺伝子適応環境は「暖かい森や川に近い海辺」であることが自然史食事学や自然史医学の実践の基礎となる。

イメージ法（八〇頁、二一七頁）

自然史食事学において、個人がある条件に置かれた場合に、何をどのように食べればよいか判断する方法。自然史思想全体としては、個人がある条件に置かれた場合に、論理的ではなくフィーリングとして、どのように行動すべきかを適切に判断する方法。自然史思想の一般論を論理的に理解したあとに、直観的にイメージによって全体像を理解することが望まれる。イメージ法によって、細かいことをいちいち考えて行動するという繁雑さを避けることができるだけでなく、できる範囲で生活全般を楽しむことが可能になる。

現代病（二二一頁）

現代に特に多い病気の総称。歴史を通してみると、病気の種類は社会の性質と密接な関係にあることを考慮した言葉。ガンと心臓病がその代表である。現代病は現代社会がどのように遺伝子適応環境から異なっているかを示している。現代病に限らず、一般に病気とは、人間の生活環境と適応環境との隔たり（ストレス）が原因となっていると考えられる。

権力原理（一八六頁、二二二頁、二二四頁）

農耕発生以来のすべての社会において、権力が社会活動の原動力となってきたことを指す。現在の資本主義社会においても権力原理はその根幹を成す。一方、自然史社会においては、権力原理は成り立たない。

個人中心主義（二二〇頁、一四二頁）

自然の中で自分だけで生きていくための能力を中心として形成された、ヒトの進化における合目的性。個人の存在をできるだけ快適に行うことでもある。自然史思想における個人中心主義は、あくまで環境との相互作用を最大限に生かす必要があるため、利己主義ではない。

自然史（八一頁）

自然の歴史。自然史思想では、特に人間の自然の歴史を指す。人類の社会の歴史は含まない。社会史の対義語。一般的に使われているように「動植物をはじめとした自然の科学的研究」つまり「博物学」という意味ではなく、文字通りの意味で使用される。

自然史医学（一五五頁、二三七頁）

自然史思想の立場から考えられた医学。人間が遺伝子適応環境における自然史状態においてどのような医療を行っていたかということをヒントにして得られたもの。医学とはいっても、ほとんどすべてがセルフ・ケア（自己治療法）であり、医者の存在を前提とする一般的な医学とは異なる。行動療法、食事療法、ハーブ療法および感覚運動療法を基本とする。

自然史思想（七二頁、八三頁、八四頁）

自然の歴史に基づいた行動様式によってはじめて人間の幸福および健康が達成できるという思想。自然史思想は食事や健康問題だけでなく、幅広い現代社会の問題を人間の幸福の達成のために解くひとつの指針となる。自然史思想の構築には科学的な知識を多く取り入れるが、科学者の間での「常識」をそのまま取り入れるのではなく、その知識がどのような権力・歴史的背景のもとに形成されたかを社会学的に十分吟味したうえではじめて思想の基盤として使用される。つまり、自然史思想自体はあくまで思想であって、少なくとも一般的な意味では「科学」ではないことに注意。

自然史思想の第一原理（九六頁）

人間は自然の歴史のたまものとして地球上に出現したという真理。生物学的に言うと「人間は進化によって生まれた」ということになるが、自然史思想は必ずしも進化を前提としない。自然界の「カミ」が他の生物と同じように自然の一部として人間を創造したという考え方でも許容される。その一方で、キリスト教的な絶対神は許容できない。また、進化や創造のメカニズムは問わない。

自然史思想の第二原理（一〇二頁）

人間は、心、精神、身体、細胞、そして遺伝子にいたるまですべて遺伝子適応環境において最大の力を発揮するようにつくられているということ。言い換えると、人間は進化の結果としてある遺伝子適応環境に最も適応しているということ。人間は遺伝子適応環境において最大の幸福を得ることができるということでもある。したがって、健康問題に代表される社会倫理的な問題について考える際には、最大の幸福を得られるように第二原理をいつも考慮に入れることが望まれる。

自然史思想の第三原理（一四二頁）

人間の脳や遺伝子は、環境との相互作用で成り立つ個人中心主義であること。個人中心主義は利己主義ではなく、あくまで環境との相互作用が必須であることに注意。これは、脳あるいは遺伝子は、環境との円滑なコミュニケーションを「目的として」つくられていることに起因する。

自然史食事学（七二頁）

自然史思想をもとにして構成された食事学。食事ができる範囲で最大の健康を達成できる最高の食事を目指している一般論である。その基礎の構築には第一原理、第二原理のほか、階層原理や社会学的・歴史的な観点が重要な役割を果たしている。具体的には、栄養素分析を拒否し、食物を食物レベルで考えるマクロな食事学である。

自然史文化（三〇頁、八八頁、一一八頁、二〇〇頁）

遺伝子適応環境において自然史人が持っていたと思われる文化。社会史的価値観を受けた文化ではなく、遺伝子の進化自体が最初から「意図した」範囲で行われる文化。したがって、適応環境において最も適した、つまり、環境との相互作用を最大限に拡張し、生きた知識を基礎とする文化である。自然史人はほとんど食料に困ることなく自由な時間が多かったことから、ハーバリズムを中核として様々な文化を発達させたと思われる。精神世界も重視される。自然史文化は現代社会ではほぼ駆逐されてしまっているが、人類の幸福のためにはその復権が望まれる。

自然史人（一〇七頁）

遺伝子適応環境に住んでいた人々。あるいは地球上に出現したばかりの人類。自然史人は人類の歴史上、最も幸福な生活をしていたと考えられる。したがって、自然史人の生活様式を知ることが人類の幸福を模索する道となる。自然史人は「原始人」や「未開人」と必ずしも一致しないことに注意。

自然度・自然史度（八六頁）

ある食物、商品、生活様式、社会システムなどを自然史の視点から評価した場合の度合。「自然」という言葉は多義語であるため、「自然」といっても何のことか明確ではないが、自然史という概念を使って自然度（つまり自然史度）を決定すれば、どのような食物や商品がどのくらい「自然」であるか判断できることになる。

ストレス（一〇八頁、一〇九頁、一一〇頁）

遺伝子適応環境からの環境的ずれのために生じた生理的状態。ストレス度は自然史度の対義語。

社会学的無知（二二三頁）

自然科学的知識や一般的知識には詳しいが、社会学的な知識にはまったく無知である状態かそのような人。ここで「社会学的」とは、必ずしも社会科学としての現代社会学を指すのではなく、一般に正しい常識とされている知識（つまり権力の現われ）の背後にある真実を読み取ることができる能力を意味する。「現代生物学の研究が医療を含めて人類の平和に貢献できるはず」という多くの科学者の発言は社会学的無知のよい例である。現代科学が一般的に正しい知識とされている（つまり権力化している）ため、この権力を持つ「偉大な」科学者は社会学的無知であることが多いが、それは言葉の定義から考えて当然である。

社会史（八二頁）

一般的にいわれる「歴史」。人類の社会あるいは文明の歴史。自然史の対義語。人類の自然の歴史は含まない。

社会史文化（二一九頁）

自然史ではなく、社会史によって形成された文化。いわゆる文明。自然史文化の対義語。農耕からはじまり現在の科学文明はすべて社会史文化に分類される。特に現代の社会史文化は自然史文化を否定・排除する傾向にある。

主観（的判断）（二〇四頁、二一五頁）

客観的な情報に左右されずに、その個人自身が感じたことをもとにして判断すること。各個人にはその個人に特有の状況や経験があるため、その個人にとっての真実は「主観的判断」にあるとする。自然史思想の基礎的概念の一つ。自然人は自然史状態において物事を客観的に判断することはほとんどないと思われる。客観的判断は科学や哲学の発達のもとで確立した価観であるため、非常に社会史的である。セルフ・ケアにおいては特に主観的判断が重要となる。

単一起源説（人類発生の）（九九頁、二一二頁）

地球上の比較的狭いある地域で人類が発生したとする考古人類学の説。人類は地球上の様々な場所で発生したのではないとする。この説は考古人類学のみならず、分子生物学や比較言語学からも支持されている。自然史思想においては、人類の遺伝子適応環境がただ一つであることを支持することになる。つまり、自然史思想はすべての人類にあてはまる一般論であることの根拠になる。

ハーブ療法（二〇一頁）

植物（ハーブ）を治療の目的で用いること。特にハーブ・ティーの飲用による物質的治療法に成り下がる場合が多いが、本来のハーブ療法は、ハーブと心を通わせる、真に精神的なものである。ハーブ療法は現代では多くの誤解のもとに処方される場合が多い。

ハーバリズム（一三三頁、二〇一頁、二一五頁）

植物（ハーブ）を生活様式の中に広く取り入れる文化。自然史文化の中核を成す。世界中の民族にみられるが、現代社会ではほとんど滅びてしまっている。ハーブ療法もハーバリズムの一部であるから、ハーブ療法はハーバリズムのコンテクストで使用されることが望まれる。

ワイズ・ウーマン（七九頁、一三八頁、二五二頁）

様々な人生経験を持つ老齢の女性。賢女とも言う。自然との交流に優れ、ハーバリズムを中心とした独自の精神世界を持つ。人間の生活面全般に博学であるが、決して権力をもたず、いわゆるリーダーにはならない。特別な存在ではなく、いわゆる「おばあちゃん」としてあらゆる社会に存在した。

おわりに

自然史思想は、情報産業の急速な発展のためにいよいよ複雑化してきた現代社会問題に対して究極的な価値観と対策法を提示することができます。その意味で、人類社会の平和に寄与することができると考えています。

一方、二十一世紀の大問題である健康と幸福というキーワードを軸に構成されており、自然史思想は健康と幸福を得るために必須の思想であると言明してはばかりません。自然史思想は二十一世紀の健康論そして幸福論でもあります。

このような奇麗事を並べてみましたが、自然史思想は、実は私自身への警告として発展させてきました。私自身が自分の健康と幸せを得るために個人的に模索してきた思想です。模索を重ねた末にやっと目的のユートピアにたどり着いた気がします。自然史思想の構築には、困難なこともありましたが、概して楽しい知的冒険をすることができました。

そうはいっても、思想的にはユートピアにたどり着いたはずの私の私生活は、やはり現代社会の波に毎日直撃されていることもここで告白しておきます。偉そうなことも書いたかと思いますが、私は決して完璧な自然史思想の実践者でもなく、現代社会の中を懸命に泳いでいるひとりの人間にすぎません。

そのような中、私は、ついに田舎に理想的な自然住宅を建てました。その家にいると、何もかも平和な感覚を得られるのです。ヒグラシの合唱に聞き入り、庭で蝶を追いかけ、野草と戯れたりしていると、これこそ本当にマジックなのだなあと実感します。そして、社会の波にさらされる自分も、現実の自分として受け止めていく必要があるなあと感じています。

そして、つい最近、私は生活の舞台を沖縄に移しました。沖縄という亜熱帯の島で海辺のアーサを採集したり、甘いクワの実をもいで食べたりしていると、自然史思想を少しは実行できているなと感じます。われわれ人間は亜熱帯の海辺の森で幸せを感じる生きものであるという自然史思想の根拠の正しさを肌で感じるのです。

自然史思想の達成には、妻・大滝百合子の協力はかけがえのないものとなりました。妻は社会学者かつハーバリストとして、理論的なサポートばかりか、私自身の精神世界の構築にも大きく寄与してもらいました。そして、私は、自然史思想という論理的ステップを踏んで、やっと本当の意味で、ワイズ・ウーマン（賢女）の思想に代表されるハーバリズムの真価を理解することができるようになりました。

自然史思想は、今後どのように発展するのでしょうか。食事学や医学のみならず、他の分野においてもこの思想が応用できたらいいなと思わずにはいられません。

最後になりましたが、私の原稿を立派な本に仕上げていただいた緑風出版の高須次郎さんに、この場を借りて深く感謝の意を表します。高須さんには大変参考になるご意見を多数いただきました。

二〇〇六年四月

松本　文二

［読者の皆様へ］

メールでご意見、ご感想をお寄せ下さい。今後の研究の参考にさせていただきます。

otaki@sci.u-ryukyu.ac.jp

[著者略歴]

松本丈二（まつもと　じょうじ）

長崎市出身。筑波大学生物学類卒、マサチューセッツ大学化学部卒、コロンビア大学大学院生物科学部博士課程修了（Ph.D.）、ケンブリッジ大学医学部研究員、神奈川大学理学部生物科学科助手を経て、琉球大学理学部海洋自然科学科生物系助教授。医療や科学の思想に関する著書に『ホメオパシー医学への招待』（フレグランスジャーナル社）、『自然史食事学』（春秋社）、『本物の自然食をつくる』（春秋社）、訳書に『ガン代替療法のすべて』（三一書房）、『バイオパイオラシー』（緑風出版）、『ホメオパシー医学哲学講義』（緑風出版）がある。生物学専門著書に『嗅覚系の分子神経生物学』（フレグランスジャーナル社）がある。

自然史思想《しぜんししそう》への招待《しょうたい》

2006年6月5日　初版第1刷発行　　定価2400円＋税

著　者　松本丈二

発行者　高須次郎

発行所　緑風出版 ©

〒113-0033　東京都文京区本郷2-17-5　ツイン壱岐坂

［電話］03-3812-9420　［FAX］03-3812-7262

［E-mail］info@ryokufu.com

［郵便振替］00100-9-30776

［URL］http://www.ryokufu.com/

装　幀　堀内朝彦

制　作　R 企 画　　印　刷　モリモト印刷・巣鴨美術印刷

製　本　トキワ製本所　　用　紙　大宝紙業　　E1500

〈検印廃止〉乱丁・落丁は送料小社負担でお取り替えします。

本書の無断複写（コピー）は著作権法上の例外を除き禁じられています。なお、複写など著作物の利用などのお問い合わせは日本出版著作権協会（03-3812--9424）までお願いいたします。

Joji MATSUMOTO© Printed in Japan

ISBN4-8461-0612-8　C0010

◎緑風出版の本

■全国どの書店でもご購入いただけます。
■店頭にない場合は、なるべく書店を通じてご注文ください。
■表示価格には消費税が加算されます。

ホメオパシー医学哲学講義
ジェームズ・タイラー・ケント著／松本丈二・永松昌泰訳
四六判上製 四四〇頁 3200円
治療する病気の症状と同様な症状を健康な人に引き起こす薬物を選び、その極微量を投与する治療法であるホメオパシー（類似療法）医学。ハーネマンの古典的名著『オルガノン』の第一級解説書。ホメオパシー医学の基本教本。

バイオパイラシー
グローバル化による生命と文化の略奪
バンダナ・シバ著／松本丈二訳
四六判上製 二六四頁 2400円
グローバル化は、世界貿易機関を媒介に「特許獲得」と「遺伝子工学」という新しい武器を使って、発展途上国の生態系を商品化し、生活を破壊している。世界的に著名な環境科学者である著者の反グローバリズムの思想。

ウォーター・ウォーズ
水の私有化、汚染そして利益をめぐって
ヴァンダナ・シヴァ著／神尾賢二訳
四六判上製 二四八頁 2200円
水の私有化や水道の民営化に象徴される水戦争は、人々から水という共有財産を奪い、農業の破壊や貧困の拡大を招き、地域・民族紛争と戦争を誘発し、地球環境を破壊するものだ。水戦争を分析、水問題の解決の方向を提起する。

自然保護の神話と現実
アフリカ熱帯降雨林からの報告
ジョン・F・オーツ著／浦本昌紀訳
A5版並製 三〇〇頁 2800円
国連や国際自然保護団体などが主導して行なわれている自然保護政策は、経済開発にすり寄ることで、各地で破綻し、肝心の野生動物が急速に絶滅の危機に瀕している。本書は、自然保護政策の問題点を摘出した注目の書！